U0077958

十年磨一劍，躍進未來！

2017 年是 iPhone 十週年的重要時刻，想想十年前還沒有 iPhone 的我們，出去旅遊要背著沉重的相機、鏡頭和腳架、紙本地圖更是不可或缺的、迷路就要找人問路、搭車轉車要到車站查看時刻表、想要吃當地美食或買伴手禮只能看旅遊手冊介紹、聽音樂或錄影片需要再攜帶大大小小的設備 ...。

2007 年發表的第一代 iPhone 是首款支援多點觸控螢幕的手機，它取消了鍵盤只留一個按鍵，簡潔俐落的外表卻擁有強大功能，一問世就讓所有人驚喜不斷，套句賈伯斯說過：「簡單比複雜更難」。第一代 iPhone、iPhone 3G、iPhone 4、iPhone 4s、iPhone 5... 十年下來蘋果發表了 15 款的 iPhone，也改變了每個人的生活方式。一台手機就可以打電話、拍照、錄影、聽音樂、視訊、上網、記事、接收電子郵件、使用社群媒體、計帳 ... 等，甚至還可以當成手電筒使用。iPhone / iPad 的進化沒有極限！十年來不斷的創新與改變，讓全球果粉引頸期盼的十週年發表會於台灣時間 2017 / 9 / 13 凌晨一點 Apple 新總部的賈伯斯劇院開始了，同時也開啟了一道躍進未來的大門。

向未來說 Hello、體驗前所未有

iPhone 的新機早在年初就已經造成許多話題，首先上場的 iPhone 8 與 iPhone 8 Plus 不僅滿足了所有人對於新一代 iPhone 的所有想像，採用前後玻璃、金屬框體設計，高顏值的外表完美呈現無比純粹的質感。

2017 WWDC 大會上最大的亮點就是那句久違的「One More Thing」後登場的次世代產品：iPhone X (ten)。果然不負蘋果迷的衷心期待，iPhone X 是一支向未來致敬的手機，從頭到尾、由裡到外都充滿話題與爆點。

iOS 11 比十分強大再強一分

" 世界最先進的行動作業系統 " iOS 11 讓爆表的性能架馭在完美的系統上，為你的 iPhone 和 iPad 注入靈魂，也為行動作業系統再立新標準。iOS 11 出色的設計讓操作更簡單直覺！提昇整體安全性、QuickType 鍵盤單手打字、更強大的控制中心、App Store 全新設計、經典相機新玩法、Apple Pay、AR 擴增實境、地圖導航、Apple Music... 等應用，滿足了所有人對於 Apple 產品追求質感品味、極限性能的期待。

i 點子工作室

總 監 製：鄧文淵　　　　責任編輯：鄧君如

監 督：李淑玲　　　　編 輯：黃郁菁・熊文誠・鄧君怡・黃信溢

行銷企劃：鄧君如・黃信溢

・讀者服務資訊

如果在閱讀本書時有任何的問題或是許多的心得要與大家一起討論共享，歡迎光臨我們的公司網站，或者使用電子郵件與我們聯絡。

文淵閣工作室網站 & i 點子工作室
http://www.e-happy.com.tw
文淵閣工作室粉絲團 & i 點子工作室
http://www.facebook.com/ehappytw
服務電子信箱
e-happy@e-happy.com.tw

PART 4
照片、影片捕捉最精彩的瞬間

PART 5
工作、記事帶來全新改變

PART 9

哪裡有問題 ? iOS 疑難雜症全攻略

iOS 11

iPhone X & iPhone 8

世 界 最 先 進 的 行 動 作 業 系 統

PART

1

iPhone 8 & iPhone X
開箱要知道的事

iPhone 的進化沒有極限，每一次登場都是全場的焦點，
現在，就跟未來說 Hello！

iPhone 8 & iPhone 8 Plus 耀眼上市

2017 年是第一支 iPhone 問世滿 10 週年的重要時刻,這個產品的出現徹底改變了整個世界對於科技與未來的想像。每年 Apple 的新品發表會已經成為科技界重大的事件之一,沒有任何一間公司的新機展售能夠吸引到這麼多的注目,引發那麼多的討論,我們都很難相信 iPhone 對於全世界社會、經濟、科技、教育,甚至各個領域的全面影響力。

iPhone 的新機早在年初就已經造成許多話題,從上市時間、新機代號、外表顏色、系統功能,甚至販售地區與價位,都是果粉們關心的重點。果然在 2017 年的 WWDC 大會上 iPhone 仍然成為全場的焦點,雖然在上市的前一刻,許多媒體都已經搶先公佈新機的獨家照片、規格,甚至連各級的價位都呼之欲出,但在現場公開的那一刻,還是造成全場及線上全球同時收看的果粉們的轟動!首先上場的 iPhone 8 與 iPhone 8 Plus 不僅滿足了所有人對於新一代 iPhone 的所有想像,高顏值的外表加上滿滿的黑科技,全面提升了使用體驗中的重要環節,讓人驚豔。

iPhone 8 Plus

螢幕尺寸
5.5 吋

長度 寬度 厚度
158.4 × 78.1 × 7.5 公釐

重量
202 公克

解析度
1920 × 1080

iPhone 8

螢幕尺寸
4.7 吋

長度 寬度 厚度
138.4 × 67.3 × 7.3 公釐

重量
148 公克

解析度
1334 × 750

顏色
金、銀、太空灰

揚聲器
立體聲揚聲器
*機體頭尾各一立體揚聲器

容量
64 / 256 GB

隨身播放裝置
EarPods　具備Lightning 連接器
AirPods　智能連接

晶片
A11 CPU　M11 動作感應協同處理器

行動網路與無線技術
LTE / 802.11ac MIMO wifi
Bluetooth 5.0 / NFC

iPhone 8 及 iPhone 8 Plus 採用前後玻璃、金屬框體設計，耀眼的外表一體成型，一登場就抓住每個人的視線。延續市場對於大尺寸螢幕手機的需求，提供了 4.7 吋與 5.5 吋二種尺寸機型，記憶體也精簡為 64GB 與 128GB 二個規格，讓使用者可以依習慣進行選擇。iPhone 8 及 iPhone 8 Plus 分別推出金、銀、太空灰三款基本配色，搭配全玻璃的機體，完美呈現無比純粹的質感。

iPhone 8 及 iPhone 8 Plus 在前後都配置了更高像素的相機鏡頭，更大更靈敏的感光元件，能輕易地補捉到讓人震攝的瞬間。六核心設計的 A11 Bionic 處理器，讓系統整體速度全面提升，讓使用與待機時間更加持久。除了身歷其境的立體聲揚聲器，還有解析度更高、色彩更亮麗豐富的顯示器螢幕，全機還能防塵抗水，並且支援 Qi 標準的無線充電設計，讓所有的極緻表現都集中在一機之上。加上搭載了iOS 11 系統，讓爆表的性能架馭在完美的系統上，滿足了所有人對於 Apple 產品追求質感品味、極限性能的期待。將 iPhone 8 及 iPhone 8 Plus 握在手上就等於擁有世界最頂尖的手機、相機、音樂與電影播放器、甚至是效能滿載的隨身遊戲機，無論是生活、工作、休閒與娛樂就從此不同！您，怎麼能抗拒 iPhone 8 的魅力啊！

設計
全機玻璃塑造一體成型

機身正反面採用歷來最堅固耐用的玻璃，搭配同色系航太等級鋁金屬邊框。

防潑、抗水與防塵
IEC 60529 IP67

全機身不僅能防潑、抗水與防塵，更將防護提升到 IP67 的國際標準等級。

Retina HD 顯示器
具備 True Tone 顯示技術

色彩絢麗更勝以往，具備 True Tone 顯示技術、廣色域與 3D Touch。

iPhone 8 相機
全新感光元件不同照相模式

更先進的 1200 萬像素相機，更大、更靈敏的感光元件，搭配全新濾鏡，讓人像模式更出色。

A11 Bionic 晶片
更強大的效能卻更加節能

CPU核心速度全面提升，利用第二代性能控制器調節動力，擁有更好的表現卻能節省更多能源。

無線充電
未來世界連充電都無線

脫離線材的束縛，全新的無線充電技術帶給使用者更方便的操作體驗。

Apple 10 年磨一劍，躍進未來的手機：iPhone X

在 2017 WWDC 大會上最大的亮點就是那句久違的「One More Thing」後登場的次世代產品：iPhone X (ten)。果然不負蘋果迷的衷心期待，iPhone X 是一支向未來致敬的手機，從頭到尾、由裡到外都充滿話題與爆點。首先吸引眾人眼光的是 Apple 拿掉了 iPhone 一直以來的使用者操控重心：主螢幕按鈕，讓整個機體以全螢幕呈現，搭配 Super Retina 的 OLED 畫面以更豐富而鮮豔色彩，震撼了所有人的視線。擺脫了日漸普及的 Touch ID 指紋解鎖技術，iPhone X 的 Face ID 臉部辦識解鎖直接將行動裝置的保全機制提升了數個等級，讓人無限期待。不僅全面提升前後相機鏡頭的等級，猛獸型的性能卻有超凡續航力，全機抗水防塵，又能無線充電，您怎能忽視這支已經站在未來的手機？

iPhone X

螢幕尺寸	高度	寬度	厚度	重量
5.8 吋	143.6 公釐	70.9 公釐	7.7 公釐	174 公克

顏色	容量	晶片
銀、太空灰	64 / 256 GB	A11 CPU M11 動作感應協同處理器

顯示器
Super Retina HD / OLED 全螢幕 / 2436 X1125
True Tone 顯示 / 3D Touch

行動網路與無線技術	**防潑、抗水與防塵**
LTE / 802.11ac MIMO wifi Bluetooth 5.0 / NFC	IEC 60529 IP67

揚聲器	**隨身播放裝置**
立體聲揚聲器	EarPods / AirPods

設計與顯示器
全螢幕手機 全面呈現

一眼看去，iPhone X 與過去所有系列的 iPhone 最大差異就是拿掉了主螢幕按鈕，整個機體的表面全是螢幕。全新的 5.8 吋 Super Retina 螢幕，是符合 iPhone 標準的 OLED，帶來了準確絢麗的色彩，無論是黑色的層次或是亮度表現，都更加真實，更為鮮明，對比度更達到 1,000,000:1 的驚人極限。

TrueDepth 相機

功能革新的前置鏡頭

iPhone X 在全螢幕上方保留空間放置全新的 TrueDepth 相機與感測器，除了能夠提供更好的人像模式照相功能，還能進行 Face ID 的辨識動作。

1200萬像素的雙鏡頭相機

更大更快的感光元件與影像穩定功能

直立式雙鏡頭相機擁有更大及更快的 1200 萬像素感光元件，讓作品能以全新色彩濾鏡帶來更深層的像素。更棒的是全新長焦鏡頭的光學影像穩定功能，無論何種光源都能拍出最好作品。

Face ID

臉部辨識科技大躍進

iPhone X 捨棄 Touch ID 的指紋辨識，採用最新的臉部辨識科技。Face ID 以劃時代的科技保全您的手機，除了解鎖，還能進行 App 的認證，甚至是線上支付。

A11 Bionic

更智慧的晶片更快速的效能更持久的續航

全新的運算核心，具備神經網路引擎，每秒可處理多達 6000 億次運算，超越過去所有產品。第二代性能控制器搭配新的電池設計，讓續航力更加延長。

下個世代科技

機器學習應用擴增實境導入

最強的CPU加上新一代的GPU，iPhone X 增強的不只是運算效能以及順暢的畫面表現，機器學習的應用讓 Face ID 適應人臉的改變，擴增實境讓畫面表現更生動更真實。

iPhone 8 / iPhone 8 Plus / iPhone X 外觀介紹

iPhone 8 及 iPhone 8 Plus 在設計時精心考究每個元素與每種材質，機身正反面都採用智慧型手機歷來最堅固耐用的玻璃打造，搭配同色系航太等級鋁金屬邊框，抗刮且不易沾指紋，在手中掌握時會感到整個機體相當扎實。以下是 iPhone 8 及 iPhone 8 Plus 在外觀各個按鈕與接口配置圖：

iPhone X 與過去 iPhone 最大的不同是捨棄了主畫面按鈕，機身正反面採用堅固耐用的玻璃，並以精準貼合機身弧度的全螢幕畫面打造工藝般質感的外型。以下是 iPhone X 在外觀各個按鈕與接口配置圖：

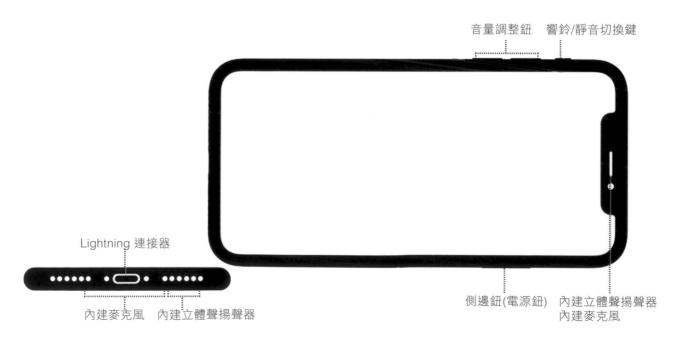

開箱不能忽略的檢查步驟

許多人一拿到新機，就馬上進行開箱的動作，卻忽略了幾個重要的檢查點，日後發現瑕疵想退貨就麻煩了。以下是小編特別整理的開箱檢查重點：

1 檢查 機型顏色　　**2** 檢查 機身外表　　**3** 檢查 配件內容　　**4** 檢查 系統啟動　　**5** 檢查 型號容量

以下為 iPhone 8、iPhone 8 Plus 及 iPhone X 原裝包裝盒的內容：

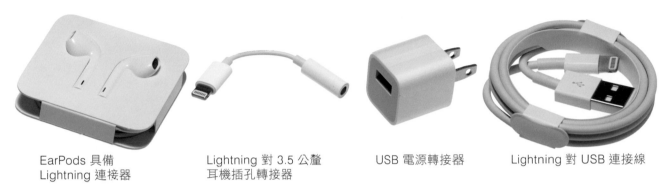

EarPods 具備
Lightning 連接器　　　　Lightning 對 3.5 公釐
耳機插孔轉接器　　　　USB 電源轉接器　　　　Lightning 對 USB 連接線

 iPhone 8 / iPhone 8 Plus / iPhone X 的配件選擇

1. **螢幕保護貼**：除了保護螢幕本身達到抗磨效果，還有不易沾指紋與增加亮度，甚至還有抗藍光輻射護眼功能，或是高抗刮玻璃等級的產品可供選擇。目前流行的還有所謂 9H 硬度玻璃或是滿版的保護貼，不僅可以加強螢幕在遭遇撞擊時的保護，而滿版的設計更能完整防護 iPhone 8、iPhone 8 Plus 及 iPhone X 螢幕與機體密合的邊緣，在選擇時可以依個人需求多加考量。

2. **手機保護套(殼)**：幾乎是每個 iPhone 使用者的標準配備，除了保護功能，更是搭配造型的重要配件。

3. **Lightning 連接線及電源轉換器**：電池續航力一直是許多人重視的要點，因為 iPhone 8、iPhone 8 Plus 及 iPhone X 只剩一個實體連接埠，對於 Lightning 線的需求就相當高。在挑選時除了要注意接頭是否耐用、線材是否扎實，最重要的就是線材是否通過 Apple 原廠授權認證，以免在使用時發生連接障礙的問題。電源轉換器也非常的重要，關係到充電時電流是否穩定。原廠標準是 5V/1A 的電源轉換器，如果不慎使用到不良品，小則傷害 iPhone 的機器運作，大則可能造成機體過熱、電線走火的災難，在使用上不可不慎。

4. **其他配件**：有更多實用的設備能擴充 iPhone 的功能，如：提供隨時充電的行動電源、連接至電腦螢幕、電視、投影機連接線，無線藍牙耳機、數位音箱，還有主機底座、立架、車用支架，甚至目前與運動健身相關最夯的設備。

iOS 11 首次啟用

拿到全新的設備後，除了要先檢查機體的顏色外觀與配件後，接下來就是要啟動系統了。第一次使用時必須先啟動設定語言國家、網路、定位、Apple ID、iCloud...等基礎資訊。請將 iPhone 插入 Sim 卡後搭配無線網路啟動。以下將使用 iPhone 8 進行示範說明：

▲ 按 ⊙ **主畫面按鈕** 進入開始設定。

▲ 選擇使用語系及國家或地區。

▲ 點一下 **手動設定** 來進行設定。(**快速開始** 請參考 P2-8)

▲ 逐一點選要使用的輸入法後點一下 **下一步**。

▲ 選擇要使用的 Wi-Fi 網路，並輸入相關密碼後點一下 **下一步**。

▲ Touch ID 可以用指紋來取代密碼，這裡先不設定，點一下 **稍後設定 Touch ID**，然後點一下 **不使用**。

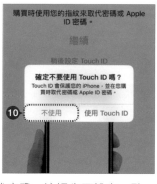

▲ 輸入六個數字當作開機的密碼，進入下一個步驟時再輸入一次以進行確認。

▲ 這裡以首次使用為說明，選擇 **設定為新的 iPhone**。(若想試試 **從 iCloud 備份回復** 請參考 P9-4)

▲ 接著輸入 Apple ID 後點一下 **下一步**，進行相關服務的使用。

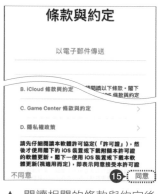

▲ 閱讀相關的條款與約定後點一下下方的 **同意**。

▲ 許多 App 都會用定位服務標示位置，點一下 **啟用定位服務**。

▲ 這裡可啟動 Apple Pay 服務，建議點一下 **稍後從 Wallet 設定**。

▲ 這裡可啟動 iCloud 鑰匙圈的服務，建議點一下 **不要回復密碼** 再點 **繼續**。將來要設定可以由 ◎ **設定** 中開啟服務。

▲ 這裡可啟動 Siri 服務，建議點一下 **稍後從「設定」來設置**。

▲ 接下來的二個設定請自行選擇，看是否讓 Apple 收集您的使用習慣進行分析。如果想保有自己的隱私，建議於畫面下方點一下 **不分享**。

▲ 這裡可啟動 True Tone 顯示模式，預設是開啟，建議點一下 **繼續**。

▲ 接著設定主畫面按鈕，請點一下 **開始使用**。

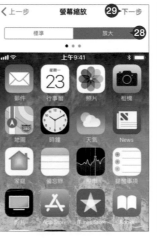

▲ iPhone 8 是採用固態按鈕，在這能設定觸感，完成後點一下 **下一步**。

▲ 點一下 **選擇顯示方式** 進入設定，利用上方按鈕來切換不同的模式，並在下方的圖片左右滑動來檢視顯示不同狀況下的螢幕大小，決定後點一下 **下一步**。

▲ 恭喜你已經完成啟動的設定，點一下 **開始使用** 即可進入系統了。

開機與螢幕解鎖

若本來就是 iOS 的使用者,這次改版在操作上的確會有些困擾,首當其衝的就是開機解鎖的動作,因為 iOS 11 已經沒有滑動解鎖,你可以利用下述方式操作:

1. **開機**:在電源完全關閉狀態下按住 **電源** 鈕直到出現 Apple 標誌,接著會進入鎖定畫面,按下 ◎ **主畫面按鈕** 即可進入。(未設密碼會直接進入)

2. **解鎖**:在待機的狀態下可以拿起手機抬起喚醒螢幕,也可以按 ◎ **主畫面按鈕** 或 **電源** 鈕來喚醒螢幕,再按下 ◎ **主畫面按鈕** 即可進入。

切換至睡眠或鎖定狀態與關機

1. **鎖定**:在開啟的狀態下按 **電源** 鈕可將設備切換至睡眠、鎖定狀態。

2. **關機**:在開啟的狀態下按住 **電源** 鈕直到畫面上方出現滑桿,然後往右滑動畫面上的滑桿進行關機。

3. **強制重新開機**:若遇到 App 執行問題或是周遭溫度太熱而當機,在 iPhone 8 可以同時按 **電源** 鈕與 **音量(-)** 鈕不放直到白蘋果符號出現後放開。

容量、機型與 iOS 版本的檢查

進入 iPhone 後點一下 ◎ **設定 \ 一般 \ 關於本機**，重要資訊如下：

1. **容量**：可以看到目前的設備的總容量。

2. **可用空間**：可以檢視在本機中儲存照片、影片、資料及下載應用程式的空間。

3. **版本**：為目前 iOS 系統所使用的版本。

‹一般	關於本機
名稱	▓▓▓ 的 iPhone ›
網路	中華電信
歌曲	0
影片	58
照片	4,957
應用程式	94
容量	128 GB
可用空間	90.84 GB
版本	11.0 (15A372)

 ## 檢查設備目前的服務和保固期限

每一台由 Apple 官網或 Apple 認證經銷商售出的 iPhone，都有一年的維修和服務保固，並享有 90 天的電話技術支援。這對於購買硬體是很重要的事，若想知道手上設備的購買日期與保固狀況，Apple 提供了很方便的查詢窗口，只要使用設備的序號即可得到這些資訊。

1. 點一下 ◎ **設定 \ 一般 \ 關於本機**，在 **序號** 的項目上可以看到目前的硬體序號，請先將序號記下來。

2. 請由「https://selfsolve.apple.com/agreementWarrantyDynamic. do」進入 Apple 查詢服務和支援保固期限的網站，輸入序號及驗證圖片碼後按 **繼續** 鈕。在頁面上即會顯示產品服務與保固期限的詳細資料，包括了購買日期、是否有提供電話技術支援、還有維修和服務保固的狀況。

容量	128 GB
可用空間	90.84 GB
版本	11.0 (15A372)
電信業者	中華電信 29.0
機型	▓▓▓▓
序號	▓▓▓▓▓
Wi-Fi 位址	6C:AB:31:7B:DF:BA

申請設定 Apple ID

使用 Apple 的產品時，註冊一個屬於自己的 Apple ID 是一個相當重要的步驟。你可以利用 Apple ID 整合屬於 Apple 的軟體與硬體的所有服務。以下將以不同的使用習慣，示範如何在電腦申請，以及如何在 iPhone 8 或 iPhone 8 Plus 上申請 Apple ID 的方法。

在電腦上申請 Apple ID

Apple ID 申請的過程中必須輸入許多資料，若不習慣在手機的螢幕上打字，可以參考以下在電腦上申請的動作：

▲ 進入「https://appleid.apple.com/tw/」申請頁面按 **建立您的 Apple ID**。

▲ 輸入註冊的資料，最重要的是當作帳號的電子郵件與密碼，最後按 **繼續**。

▲ 系統會自動產生一組驗證碼並且發信到你註冊的信箱要求認證。

▲ 進入註冊信箱開啟系統認證信，將驗證碼輸入在畫面中的欄位再按 **驗證**。

◀ 完成驗證後即會進入會員 Apple ID 的專頁，到此即完成在電腦上申請 Apple ID 的動作。未來若要修改或是增添資料，都可以由這個頁面進行相關的處理。

在 iPhone 上申請 Apple ID

除了在電腦上操作，你也可以直接在手機上進行 Apple ID 的申請動作，請參考以下的步驟：

▲ 點一下 ⚙ 設定 \ 登入您的 iPhone 進入設定畫面。

▲ 點一下 沒有或忘記您的 Apple ID，再點一下 建立 Apple ID。

▲ 設定出生日期及姓名。

▲ 點一下 使用您目前的電子郵件地址 後輸入要使用的 電子郵件。

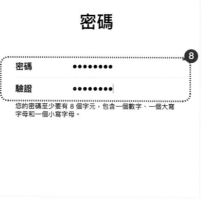

▲ 接著設定密碼與驗證，再設定三個安全提示問題的答案。

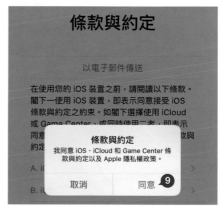

▲ 閱讀相關的條款與約定後點一下 同意，再點一下 同意。

▲ 回到原頁面可以看到要求驗證電子郵件，點一下 驗證電子郵件位址，此時系統會發送驗證信件到註冊的電子郵件信箱。

▲ 進入電子郵件信箱後會看到系統所寄發的驗證信中有驗證碼，再回到畫面輸入到欄位中。

▲ 如此即完成 Apple ID 的申請，回到頁面即可檢視並使用相關功能。

管理 Apple ID 信用卡資料

在 App Store 中可以購買 App、音樂、影片，只要登入 Apple ID 就能取得或是購買。以 App 來說：如果要下載的軟體是免費的，不用在 Apple ID 中設定信用卡資料就能取得；但若是需要付費的項目，就必須在 Apple ID 中設定信用卡的付款資訊。因為在 App Store 中消費實在太方便了，不知不覺中就可能買了一大堆東西，許多家長也擔心家裡的小朋友會誤點購買了太多遊戲，等到帳單寄來時才會真相大白！要如何管理 Apple ID 中的信用卡資料呢？點一下 🔘 **設定\iTunes 與 App Store** 進入設定畫面，依下述步驟操作：

▲ 若第一次登入，點一下 🔘 **設定\iTunes 與 App Store** 進入設定。

▲ 點一下 **登入** 並在視窗輸入 Apple ID 的帳號密碼後點 **登入**。

▲ 首次使用時建議檢查一下帳號設定的資訊，點一下 **檢查**。

▲ 確認國家地區後，開啟 **同意條款與約定**，再點一下 **下一頁**。

▲ 確認個人資訊後，開啟 **Apple 更新**，再點一下 **下一頁**。

▲ 此時即可檢視帳號設定的資訊，其中包括了帳單資訊，點一下 **無** 即可取消信用卡資料。

若要再次修改付款資訊時，只要點一下 🔘 **設定\ iTunes 與 App Store**，再點一下目前顯示的 Apple ID。在顯示的視窗上點一下 **檢視 Apple ID** 後接著輸入 Apple ID 密碼，即可進入 **帳號設定** 畫面來調整帳單資訊。

要特別注意的是，如果你要在 iTunes 或 App Store 購買免費服務內容，只要輸入正確的 Apple ID 帳號密碼就能下載安裝使用，但若是需要付費，就必須輸入信用卡號碼、信用卡安全碼，再加上 Apple ID 中設定的 3 個安全性問題，才能下載安裝。不過經過這次輸入，iPhone 又會將這個信用卡資料記起來了喔！所以就必須於 **付款方式** 點一下 **無**。

PART

2

iOS 11 功能十分強大

iOS 11 為行動作業系統再立新標準,一起來看使用者最喜愛、最常用的功能,
到底有了哪些令人驚豔的變化!

iOS 11 相容設備

"世界最先進的行動作業系統" iOS 11 以美觀易用的設計與先進的安全功能，為你的 iPhone 和 iPad 帶來活力，但並不是所有的 iPhone、iPad、iPod 機種都可以升級使用，下方列表即是目前與 iOS 11 相容的設備：

iPhone	iPad	iPod
iPhone X iPhone 8 / iPhone 8 Plus iPhone 7 / iPhone 7 Plus iPhone 6s / iPhone 6s Plus iPhone 6 / iPhone 6 Plus iPhone SE / iPhone 5s	12.9 吋 iPad Pro (第二代) 12.9 吋 iPad Pro (第一代) 10.5 吋 iPad Pro / 9.7 吋 iPad Pro iPad Air 2 / iPad Air iPad (第五代) iPad mini 4 / iPad mini 3 / iPad mini 2	iPod touch (第六代)

全新的用戶體驗

設備容量一清二楚

iOS 10 之前版本，**容量** 所顯示的大小都是扣掉 iOS 系統後的容量，現在新版的 iOS 11 中，只要點一下 ⚙ **設定 \ 一般 \ 關於本機**，**容量** 將直接顯示這台設備實際容量大小。

應用程式	93
容量	128 GB
可用空間	89.98 GB
版本	11.0 (15A372)

鎖定畫面的通知訊息更加一目瞭然

會直接在鎖定畫面中顯示最新的幾則訊息，要查看所有通知，只需在畫面底部略高的位置往上滑動即可，讓使用者更方便查看最近收到或未讀的訊息。

▲ 由底部略高的位置往上滑動即會出現通知訊息，利用訊息右上角的 ⊗ 可以快速刪除全部的通知；任一則訊息上由左往右滑動到底就可開啟該訊息的應用程式瀏覽訊息。

新的 App 圖示與較清楚的字體

iOS 11 部分 App 圖示換上了全新設計，像是 **App Store**、 **地圖**、 **時鐘**...等，相較之前圖示有了不一樣的變化，線條變粗、調整字型、**地圖** 圖示則依蘋果公司新總部所在地重新設計...等。

QuickType 鍵盤、單手打字好輕鬆

iPhone 的大螢幕雖然好，但對於手較小的使用者來說，想要一手打字是非常困難的事，手上拿東西時，只要按住地球符號就能讓鍵盤靠近慣用手。

▲ 按住 🌐 鍵不放出現輸入法切換清單，於下方可看到鍵盤配置圖示。

▲ 點一下 ⌨ 即可將鍵盤配置往左集中，方便左手使用；點一下 ⌨ 即可將鍵盤配置往右集中，方便右手使用。

新的控制中心

iOS 11 可以自訂控制中心內的控制項目。讓你不用解鎖也能開啟或關閉相關功能，除了預設的 **飛航模式、WiFi、藍芽、行動數據、個人熱點** 及 **AirDrop**...等項目，還包括像是 **螢幕錄製、開車勿擾、語音備忘錄、AppleTV 搖控器、Wallet**...等多項功能，搭配 3D Touch 長按還能進入獨立的調整畫面。(更多內容請參考 Part 3)

▲ 於 ⚙ **設定 \ 控制中心 \ 自定控制項目** 中還有更多控制項目可以自訂。

App Store 全新設計

精心設計的 🅰 **App Store**，讓你每天都可以輕鬆探索與發現全新的 App，改寫工作或玩樂的方式。全新標籤頁面且滿載精彩內容，讓你不僅可以隨時掌握 App 的使用更可以將體驗提升到另一個層面。(更多內容請參考 Part 9)

▲ **Today** 標籤，掌握最新、有趣的 App，另有編輯群篩選的推薦主打項目。

▲ **遊戲** 標籤，專為所有遊戲設計的一個新天地，燒你的遊戲魂。

▲ **App** 標籤，生活裡常用到的 App，都能在這裡輕鬆找到。

經典相機新玩法

新格式，空間可激增一倍！

Apple 聲稱 HEIF 影像格式和 HEVC 影片編碼可將 iPhone 照片和影片的檔案大小壓縮效果增加到 2 倍，雖然增加了壓縮率，但卻不會影響影像及影片的品質。(更多內容請考 Part 4)

▲ iPhone 7 及以上機型才支援 HEIF 影像格式和 HEVC 影片編碼。

將人像拍照提升至另一個層次

專門為 iPhone 雙鏡頭機型推出的 **人像** 模式變的更強了！現在不僅支援光學影像防手震和 HDR 效果，拍攝出來的人像膚色也更加自然，其中 **人像光線** 功能可模擬攝影棚級的打光效果，拍出更漂亮的人像照片。

Live Photo 套用循環、來回播放與長時間曝光效果

LivePhoto 比以往有更多創意與表現，新增了 **循環播放**、**來回播放** 與 **長時間曝光** 三種可套用的效果。

可以把你喜愛的 Live Photo 變成有趣的循環播放影片；或是把 Live Photo 反向播放，讓影片播完後即時回帶的效果；還可以創造出像是單眼相機才能拍出的長時間曝光效果。

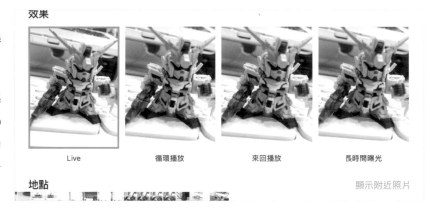

預設 QR Code 相機

相機 內建 QR Code 掃描功能，不需再安裝第三方軟體，開啟相機、對準掃描、點一下提示訊息，即可於 Safari 開啟相關資料。

更多回憶的影片

回憶 相簿也有更新，透過更強的影像辨識能力，判斷照片裡的情境與元素，可以自動生成更多主題，更值得一提的是，現在也支援直式播放影片了，讓直式照片不用再縮小或裁切了。

畫面擷圖立即編輯

按下電源鍵以及 ◉ **主畫面按鈕** 可擷取畫面圖片，擷取之後，擷取的畫面圖會出現在畫面左下角，點一下該縮圖會自動開啟照片後製畫面，這時可以在擷取的畫面圖上塗鴉、打字、簽名、或製作放大鏡效果。

編輯完成後，點一下畫面左上角 **完成**，再一下 **儲存到「照片」**，即會將編輯完成的照片儲存於 ❀ **照片** 。(若擷取畫片後不想進入照片後製畫面編輯的話，只要將畫面左下角的擷取畫面縮圖向左滑就能關閉，或是等待三秒左右該縮圖也會自動消失。)

Apple Pay Cash 付款服務

原本預定跟 iOS 11 更新一起登場的 Apple Pay Cash 個人對個人 (P2P) 付款服務，目前 Apple 已確認此服務尚未包含在 iOS 11 正式版中，日後更新版本才可能加入此服務。

Apple Pay Cash 是讓使用者透過 iMessage 及 Apple Pay 功能進行付款。當雙方在 iMessage 對談當中提到了金錢，可以啟用 P2P 轉帳服務 (iPad、iPhone、Apple Watch 皆支援這項功能)，透過此方法付款的費用，會被存放在虛擬的金融卡 Apple Pay Cash Card 當中。使用者可透過 Apple Pay 付款方式運用當中的額度，或者將虛擬卡片中的額度轉到自己的銀行帳戶之中。

用 AR 擴增實境佈置你的家

iOS 11 推出 ARKit 後， Ⓐ **App Store** 一夜之間成為目前全世界最大的擴增實境平台。透過 iPhone / iPad 的鏡頭掃描辨識環境，結合電腦視覺技術，就可以將虛擬的物件融合到真實的世界。

宜家家居最新推出的 **IKEA Place** APP，能讓你在未添購傢具的空房裡，虛擬設計出想要的擺設感覺，不論是沙發、椅子、咖啡桌都能 3D 呈現。

iOS 11 的檔案總管

iOS 11 新增了 ■ **檔案** 應用程式,它可以輕鬆管理 iCloud Drive 中所存放的檔案及文件,不管是要上傳或是下載雲端的資料,都變得更方便了,另外像是 Dropbox、Google Drive、Box...等雲端空間,也都整合至 ■ **檔案** 應用程式中,可集中管理個人檔案。(更多內容請參考 Part 8)

地圖導航前進室內、加入台灣大眾運輸資訊

地圖不分室內外

 地圖 將導航功能延伸到國際機場及購物中心的室內環境了!室內導航這個新功能,目前僅支援國外費城國際機場、聖何塞國際機場、聖何塞 Westfield Valley Fair 購物中心和舊金山 Westfield San Francisco Centre 購物中心...等特定地點,讓你在行動裝置上就能全覽機場或購物中心內部平面圖,完全不用擔心迷失於其中。

開車勿擾模式提昇安全性

開車使用地圖導航時,可以搭配 iOS 11 的另一個亮點 🚗 **開車勿擾模式** 使用,更能提升駕駛過程的安全性。(更多內容請參考 Part 3)

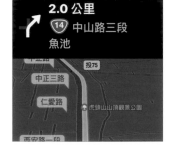

搭車超方便!加入台灣大眾運輸資訊

更新後的 **地圖**,除了針對開車族提供更多車道資訊與速限標示提醒勿超速功能,也開放了台灣大眾運輸查詢功能,對通勤族與遊客來說,火車、高鐵、捷運、客運班次...等大眾運輸工具都可以查詢。(更多內容請參考 Part 5)

3D 地圖 Flyover

 地圖 的 3D 地圖 Flyover 檢視,可移動裝置體驗空中俯瞰城市的感受,不管是縮放、平移、傾斜或是旋轉,都能以高解析畫面來探索城市及地標。

用備忘錄記錄重要記事

在備忘錄中塗鴉

備忘錄 中可以隨手繪出想法或記事，除了基礎繪圖工具和顏色外，也可以輸入文字註明。iPad Pro 還可以搭配使用 Apple Pencil 記錄精彩圖文記事。

掃描文件

另一個在 **備忘錄** 最令人關注的就是內建 **掃描文件** 這個新功能。完全不用再靠第三方掃描 App 輔助，可以直接透過相機來進行掃描，隨時隨地掃描手邊的文件、菜單、發票、名片...等。(更多內容請參考 Part 5)

插入表格

備忘錄 除了可以輸入文字、插入照片或影片、手繪記錄外，另外新增插入表格功能，相信這個新增的項目對許多編輯者來說是一大福音，不過目前只支援 iOS 11 版本，若是與使用 iOS 10 的朋友協同編輯時，可能就會出現無法開啟的提示。

 ## AirPlay 2 跨品牌同步播放音樂

透過全新 AirPlay 2 技術，你能夠全面掌控屋中的家庭音響系統和揚聲器。WWDC 2017 中蘋果公布了不少揚聲器廠商將推出可支援 AirPlay 2 技術的產品，你不用再使用其他第三方的應用程式，就可以控制客廳或房間的音響播放的音樂，或讓家中所有的揚聲器播放同一首歌。未來這些產品會陸續上市，在購買前記得先詢問清楚即可。

用 Apple Music 享受音樂

支援 FLAC 音樂格式

FLAC 音樂格式 (Free Lossless Audio Codec)，中文翻譯是 "自由無損音訊壓縮編碼"，以往要播放這類型的音樂檔時，都必須透過第三方軟體，iOS 11 版本裡已經支援播放此類型音樂，未來在 iTune Store 裡就可以購買下載此類型音樂格式。

與朋友分享音樂

加入 Apple Music 後，除了享受自己喜歡的音樂，也可以與朋友分享正在聆聽的歌曲、專輯或是自製的播放列表，也能追蹤同樣使用 Apple Music 的同好。(更多內容請參考 Part 6)

舊機換新機：快速開始

購買新機後，如果持有的舊裝置是 iOS 11 版本時，利用 **快速開始** 這個新功能可以對拷設定與內容，節省設定 WiFi、Apple ID、鍵盤輸入法...等其他相關資訊的時間，打開新機電源，並將另一台 iOS 11 舊裝置靠近，接著依下列方式操作：

▲ 新機設定好語言及國家選項後，於此畫面待機。

▲ 舊機靠近新機放置後，即會出現 **設定新的 iPhone** 提示，點一下 **繼續**。(舊機在靠近前務必先開啟 **Airdrop：所有人**。)

▲ 接著新機會出現 **正在等待其他 iPhone** 及一顆藍色球體動畫。

▲ 將舊機畫面上的圓形觀景窗對準新機畫面中的藍色球體動畫。

▲ 掃瞄成功後，如果舊機有設定密碼，就會要求在新機中輸入該密碼。

▲ 新機在完成密碼輸入後，舊機就會開始傳送資料至新機裡，完成後點一下 **好** 即可。(至此，舊機的任務就算完成了，接下來的操作都在新機上。)

◀ 接下來就是開始確認與設定 Touch ID、回復 iCloud 資料、開啟定位服務、設定 Apple Pay、Siri、True Tone 顯示、主畫面按鈕 ... 等，完成後再輸入 Apple ID 密碼，點一下 **下一步** 就完成所有舊機資料轉移的動作。

輕鬆分享 Wi-Fi 網路

"嘿，你家 WiFi 密碼是什麼??"，如果朋友常常問你這樣的問題時，只要透過 **分享 Wi-Fi 密碼** 這個功能，就可輕鬆讓朋友連上家中的 Wi-Fi。

首先，你與朋友的裝置都必須是 iOS 11 版本，當對方於 ⚙ 設定 \ Wi-Fi 點選 Wi-Fi 名稱後切換至 **輸入密碼** 畫面時，只要對方將裝置靠近你的裝置，即可自動感應並啟動該功能，當你的裝置出現 Wi-Fi 密碼分享的提示時，點一下 **分享密碼**，成功的話，對方的裝置就會自動輸入正確的密碼，再點一下 **完成** 即可。

iPad 劃時代性能

全新 Dock 帶來更強大的工作方式

有用過 Mac 的使用者一定對 OS X 中的 **Dock** 印象非常深刻，如今這樣的使用方式已在 iOS 11 for iPad 中實現，在 iPad 的 **Dock** 中，你可以把常用的 App 拖曳放置 **Dock** 上，自訂出專屬個人的 **Dock** 列，完成後，不管你當下開啟哪一套 App，都可以隨時打開 **Dock** 開啟另一套 App。

▲ 長按要放至 **Dock** 上的 App 圖示。(大概圖示呈放大狀態即可，不用按到出現移除 App 狀態。)

▲ 拖曳至 **Dock** 上出現一空位後，放開拖曳的手指即可。

▲ 小編嘗試過最多可以拖曳 15 個 App 至 **Dock** 上擺放。(含最右側所顯示最近開過的 App 圖示)

▲ 由 iPad 畫面底部由下往上滑動，即會出現 **Dock** 列，再點一下欲開啟的 App 圖示即可。

多工應用

在 iPad 利用 **Dock** 可以同時使用兩個 App，像是一邊觀看影片一邊回覆電子郵件，只要將 App 拖出 **Dock**，即可建立 Slide Over 畫面效果；將 App 拖移至畫面右側或左側，則可建立 Split View 左右分割畫面效果。

控制中心大改版

iPad 的控制中心與 iPhone 一樣可以自訂常用的控制項目，除了控制項目外，左側會看到多工管理任務，已開啟過的應用程式依序排列，所以目前控制中心與應用程式切換融合為一體。

在打開 **Dock** 後，再由 iPad 畫面底部由下往上滑動，即可打開 **控制中心**，只要於控制中心任一空白處點一下即可離開。

QuickType 鍵盤打字快如彈指

新的 QuickType 鍵盤將英文字母、數字、符號和標點符號 ... 等，都放在同一個鍵盤，只須在按鍵上向下滑動，就可以快速打出需要的文字，例如點一下 R 鍵可輸入文字 R，按住 R 鍵稍向下滑動再放開，即可輸入該按鍵上的另一個文字 4。

PART

3

生活智慧操控
由你決定

全新 iOS 11 貼心的設計讓操作更簡單直覺，
實用新功能讓你一手操控生活大小事。

控制中心，由你決定

在鎖定或解鎖畫面中，用手指於畫面最底端往上滑，就能開啟 **控制中心**。

iOS 11 的重點新功能就是可以自訂控制中心內的項目。控制中心讓你不用解鎖也能開啟或關閉相關功能，可以自訂的項目包括：**螢幕錄製、手電筒、計時器、計算機、相機、放大鏡、備忘錄、開車勿擾、語音備忘錄、AppleTV 搖控器、Wallet**...等 17 項功能，其他預設的還有 **飛航模式、WiFi、藍牙、行動數據、個人熱點** 及 **AirDrop**...等項目，讓控制中心更符合使用者習慣。

點一下 ⚙ **設定 \ 控制中心 \ 自定控制項目，包含** 下方為目前控制中心的項目，長按功能項目右側的 ≡ 即可上下調整該項目於控制中心的前後位置，如果想移除項目，可以點一下該項目左側的 ⊖ \ **移除** 即可移除該項目；**更多控制項目** 下方為其他可新增至控制中心的項目，如果想要新增項目，可以點一下該項目左側的 ⊕ 即可新增於控制中心。

免 JB 使用 iOS 11 內建螢幕錄影功能

先在控制中心新增 **螢幕錄製** 項目，點一下 ⚙ **設定 \ 控制中心 \ 自定控制項目**，再點一下 ⊙ **螢幕錄製** 左側的 ⊕ 即可新增於控制中心。接著用手指於畫面最底端往上滑，於 **控制中心** 中點一下 ⊙ **螢幕錄製**，在三秒倒數後按鈕呈 ⊙ 狀時表示開始錄影，畫面上方的狀態列會呈現紅色，當錄製完成點一下畫面上方的狀態列，再點一下 **停止**，錄製完成的 MP4 影片就會儲存到 🌸 照片。

預設 螢幕錄影 時不會錄音，如果想要同步錄音，以 3D Touch 或長按 ⊙ **螢幕錄製**，點一下 🎤 呈 🎤 開啟狀即同步錄音，再點一下 **開始錄製** 就會開始錄影了。

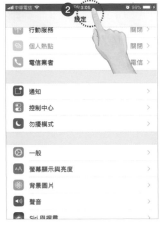

不解鎖開啟 Wi-Fi、行動數據、個人熱點及藍牙

之前想要開啟相關網路設定，如：行動數據、個人熱點...等都要於 設定 中一層層進入設定中才能開啟，現在 iOS 11 中可以直接於控制中心中點選開啟 **飛航模式**、**行動數據**、**Wi-Fi**、**藍牙**、**個人熱點** 及 **AirDrop**。

用手指於畫面最底端往上滑，於控制中心可以看到預設四個功能：飛航模式、行動數據、Wi-Fi、藍芽，點一下即可開啟或關閉該項目，(點一下 Wi-Fi 只是暫時中斷連線，如果想真正完全的關閉，可以開啟 **飛航模式** 或至 設定 \ **Wi-Fi** 關閉)。以 3D Touch 或長按該區塊任一部分，則會出現功能清單，**個人熱點** (**行動數據** 必須為開啟狀態才能使用) 及 **AirDrop** (點一下後可開啟或關閉接收)。

不解鎖就能自拍、錄影與調整音樂、音量

用手指於畫面最底端往上滑，於控制中心點一下 相機 即可開啟 相機。如果想要直接開啟特定的拍照功能，以 3D Touch 或長按控制中心的 相機，即會出現 **自拍**、**錄影**、**錄製慢動作** 及 **拍照** (**拍攝人像**) 項目清單，點一下想要開啟的項目即可。

聽音樂時除了透過 iPhone / iPad 左側的按鈕調整音量大小。用手指於畫面最底端往上滑，於控制中心 上下滑動也可調整音量大小，而右上角的控制區塊可以透過如：播放、停止、前一首 與 下一首 播放音樂。如果以 3D Touch 或長按控制中心的音樂控制區塊，就會出現更多播放控制項目，點一下右上角的 即可查看目前有沒有其他可連接的播放裝置。(如果要直接開啟連接播放裝置畫面，以 3D Touch 或長按音樂控制區塊右上角的 圖示即可)

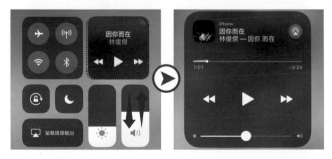

不解鎖就能降低畫面藍光與亮度保護眼睛

用手指於畫面最底端往上滑，於控制中心 項目上下滑動即可調整螢幕亮度，這樣的調整還是會受到 **自動調整亮度** 功能影響，可以至 設定 \ 一般 \ **輔助使用** \ **顯示器調節**，關閉 **自動調整亮度**。如果以 3D Touch 或長按項目，可看到 **Night Shift**，點選該功能後即可開啟減少螢幕藍光。

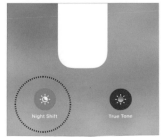

不解鎖就能開啟 Apple Pay 及 Apple TV 遙控器

如果很常使用 Apple Pay 付費，想要在付費前先選擇卡別，或是使用之後可以瀏覽付費金額，都可以使用控制中心的 🔲 Wallet 項目快速開啟，點一下 ⚙ 設定 \ 控制中心 \ 自定控制項目，點一下 🔲 Wallet 左側的 ➕ 即可新增於控制中心。用手指於畫面最底端往上滑，於 控制中心 點一下 🔲 Wallet 可開啟 Apple Pay 付費畫面；若想查看上次交易記錄，以 3D Touch 或長按該項目，再點一下 上次交易記錄 即可。

在看 Apple TV 時也可以利用控制中心快速開啟，點一下 ⚙ 設定 \ 控制中心 \ 自定控制項目，點一下 📺 Apple TV Remote 左側的 ➕ 即可新增於控制中心。先開啟 Apple TV 主機電源，接著用手指於 iPhone 畫面最底端往上滑，於控制中心點一下 📺 Apple TV Remote 即可開啟遙控器並自動搜尋已開啟的 Apple TV 並連接。

如果想要切換到不同的 Apple TV，只要點一下畫面最上方的設備名稱，就可以切換到另一台。(Apple TV 與 iPhone / iPad 請更新到最新系統版本，不然可能會無法連結。)

不解鎖就能開啟放大鏡、備忘錄、語音備忘錄

生活中隨手用到的工具，像是 放大鏡、備忘錄 或 語音備忘錄，在 iOS 11 中都可以直接新增到控制中心，不用解鎖就可以隨時啟用。點一下 ⚙ 設定 \ 控制中心 \ 自定控制項目，再點一下 🔍 放大鏡、📝 備忘錄 或 🎙 語音備忘錄 左側的 ➕ 即可新增於控制中心。

用手指於畫面最底端往上滑，於 控制中心 中點一下 🔍 放大鏡、📝 備忘錄 或 🎙 語音備忘錄 即可直接開啟該 App 使用。如果以 3D Touch 或長按 📝 備忘錄 會開啟清單，直接點一下要新增的項目即可。

勿擾模式讓你專心開車

開車的時候如果手機出現通知或來電很容易讓駕駛分心而導致危險，所以建議在開車時可以開啟 **開車勿擾** 模式功能，讓行車更安全。在 iOS 11 中可自動偵測某些車用 GPS 系統，或是直接於控制中心手動開啟。

先在控制中心新增 **開車勿擾模式** 項目，點一下 ⚙ **設定 \ 控制中心 \ 自定控制項目**，再點一下 🚗 **開車勿擾模式** 左側的 ⊕ 即可新增於控制中心。接著用手指於畫面最底端往上滑，於 **控制中心** 中點一下 🚗 **開車勿擾模式** 即可開啟。

開啟後，除了已於 ⚙ **設定 \ 勿擾模式 \ 允許的來電** 中設定的名單，其他聯絡者的來電與相關通知都會被擋下來，若有來電會在關閉開車勿擾模式之後以未接來電顯示，若有傳 iMessage 則會依 ⚙ **設定 \ 勿擾模式 \ 自動回覆對象** 及 **自動回覆** 內的設定對象及訊息內容自動回覆。

若於鎖定畫面中要關閉開車勿擾模式，於 **鎖定畫面** 的 **勿擾模式** 訊息中，以手指向右滑動到底，接著點一下 **我未在開車** 即可關閉。

從通知中心的訊息直接開啟相關 App

在 iOS 11 解鎖畫面中，用手指於畫面最頂端往下滑；鎖定畫面中，於畫面中間由下往上滑，開啟 **通知中心**。

點一下想查看的通知項目，就會開啟相關 App 並顯示該詳細內容。(於鎖定畫面中的操作，必要時則需輸入密碼或使用 Touch ID 後才會開啟 App)

用 3D Touch 快速清空所有通知訊息

直接點一下 **通知中心** 畫面中右上角的 ⊗ 可以刪除該期間所有通知訊息，如果想要一次刪除全部通知訊息，可以利用 3D Touch 按下通知畫面的 ⊗，再點一下 **清除所有通知**，就可以刪除所有通知訊息。

用 3D Touch 在通知中心中直接回覆訊息

通知中心 畫面中的訊息可以直接回覆,只要利用 3D Touch 按下 **通知中心** 畫面中要回覆的通知訊息,再於開啟的畫面中輸入回覆訊息傳送即可。(回覆後該則通知訊息就會自動於 **通知中心** 畫面中移除)

聰明切換、強制關閉 App

目前已開啟的 App 會在背景持續運作並陳列在 **App 切換器** 介面,iOS 會在節能時段 (例如當設備連接到 Wi-Fi、插上電源或正在使用...等時機) 排定這些 App 自動整理。

在 **App 切換器** 介面中,App 預覽畫面改以重疊方式顯示,左右滑動能快速檢視所有已開啟的 App,另外也可以開啟及強制關閉 App,按一下 ⊙ **主畫面按鈕** 則是回到主畫面。

▲ 連按二下 ⊙ **主畫面按鈕** 。

▲ 在 **App 切換器** 介面看見已開啟的 App 預覽畫面,點一下任一個 App 預覽畫面可進入使用。

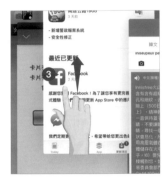

▲ 按住任一個 App 預覽畫面向上滑動,待放開手指時預覽畫面也會隨之消失,即可關閉該 App。

建立緊急醫療卡

現代人手機不離身,在發生緊急狀態時,iPhone 不需解鎖就可變身為緊急醫療卡,提供醫療所需的必要資訊。

點一下 ❤ **健康**,如果尚未製作過醫療卡,可於畫面右下角點一下 **醫療卡**,再點一下 **製作醫療卡**,即可依項目一一建立自己的醫療訊息,最重要的是要開啟 **顯示於鎖定畫面**,當遇到緊急狀況時,不解鎖就能直接看到你的醫療卡訊息。如果想要更改或新增,點一下畫面右上角的 **編輯** 就可以修改醫療卡內容。

記錄運動身體管理你的健康

♥ 健康 是用來記錄及統計你的運動量、心跳、體重...等健康項目，除了可以如上一個技巧直接於醫療卡以手動輸入已知項目外，目前市面上各家的智慧 3C 產品，如：手環、體重計、血壓計...等，可與運動裝置同步記錄的產品，都可以透過各家 App 統整數據至 ♥ 健康。點一下 ♥ 健康 開啟 App。

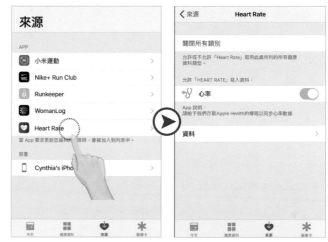

▲ 點一下 今天，就可以看到今天的數據，滑動點選上方的日期就可以看到歷史數據。

▲ 點一下 健康資料，就可以看到所有數據，也可以於上方的搜尋欄位輸入關鍵字，如：BMI、血壓、心跳 ... 等搜尋。

▲ 點一下 來源，App 與 裝置 列表就會列出目前有哪些 App 與 健康 連結。點一下來源清單中的各 App 項目可開啟專屬畫面調整相關項目。部份運動類 App 於安裝後會自動與 健康 連結，若需手動設定連結可開啟已安裝好的 App 於設定相關項目中指定與 健康 建立連結即可。

♥ 健康 內的資料排序是依照：手動輸入的健康資料、來自 iPhone、iPod Touch 和 Apple Watch 的資料、第三方 App 和藍牙裝置的資料順序來統整收到的資料，Apple Watch 與 iPhone 配對之後，其活動記錄資料會自動加入 ♥ 健康 中。

iPhone 5s 和後續機型的 ♥ 健康 會自動記錄您的步數、步行和跑步距離，如果想下載其他更多相關健身與運動 App，可以至 ⒶApp Store 點一下下方的 App 標籤，再用手指由下往上滑找到 熱門類別，點一下 右側的

顯示全部，再點一下 健康與健身，在這個類別中就有許多推薦或常用的 App，也有相關的排行榜可以參考。

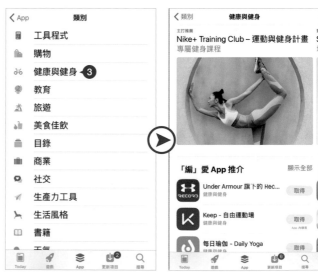

快速撥打緊急電話

iOS 11 讓你不需解鎖就可以撥打緊急電話 (110、119) 或開啟醫療卡，只要連按五下電源鍵 (iPhone 8 以上機型需於 ⚙ 設定 \ SOS 緊急服務 中開啟 按五下啟動)，就可於選單中向右滑開啟 醫療卡 或撥打 SOS 緊急服務，SOS 緊急服務 向右滑開之後可以點一下 110 或 119 撥出。如果只是誤按，可以點一下 ⊗ 取消 ，但取消後就只能以密碼開鎖，而不能以指紋解鎖畫面。

連按五下電源鍵也可以設定為直接撥出，但要注意別被家中小孩誤按。點一下 ⚙ 設定 \ SOS 緊急服務，開啟 自動通話 後連按五下電源鍵就會直接撥出求救電話 110，於 醫療卡 中設定的緊急聯絡人同時也會收到你已撥出緊急電話的通知。

安全易用的行動支付：Apple Pay

Apple Pay 已經正式上線，目前可使用的七家銀行為：國泰世華銀行、中國信託銀行、玉山銀行、渣打銀行、台北富邦銀行、台新銀行、聯邦銀行，可支援卡別請先詢問發卡銀行。接受 Apple Pay 付費的店家通常會標示符號如右圖，即便沒有看到，也

可以直接詢問是否支援 Apple Pay，官網中也有列出合作的廠商 (https://www.apple.com/tw/apple-pay/where-to-use/)，除了實體商店以外，網路商店或 App 也有不少店家已可以用 Apple Pay 結帳，例如：momo、Agoda、屈臣氏...。

認識 Apple Pay

將信用卡加入 iPhone、iPad、Apple Watch 或 Mac，即可開始使 Apple Pay。Apple Pay 有以下幾點便利性：不需要帶實體信用卡與零錢包、信用卡資訊不會保存在店家與設備內、不需要簽名、透過指紋立即支付且安全性高...等。

Apple Pay 使用 NFC、Secure Element 專用晶片以及透過安全便利的 Touch ID 以指紋授權消費，系統的要求都要在 iOS 10 以上 (建議要更新到最近版本)，可使用的設備有：iPhone 6 之後的設備、Apple Watch、iPad Pro (4G 版本)、iPad (第 5 代)、iPad Air 2、iPad mini 4、iPad mini 3，MacBook Pro (需要配備 Touch ID)、2012 年或之後推出的 Mac 機型 (需有啟用 Apple Pay 的 iPhone 或 Apple Watch)。

若為 Apple Watch Series 3、iPhone 8 和 iPhone 8 Plus，您可以在裝置上加入最多 12 張信用卡；若為之前的機型，您可以在裝置上加入最多 8 張信用卡，目前還不能加入金融卡與悠遊卡...等。如果要在多個裝置上使用 Apple Pay，則必須將卡片加入每一台裝置，而在 iPhone 或 Apple Watch 上設定 Apple Pay 之後，只要在 Mac 上登入同一個 iCloud 帳號，即可在 Safari 瀏覽的網站上使用 Apple Pay。

設定 Apple Pay

於主畫面點一下 ▣ Wallet，首次設定 ▣ Wallet 說明如下：

▲ 授權 ▣ Wallet 取用消費地點，點一下 **允許**。

▲ 點一下 **設定 Touch ID 與密碼** 授權消費。(若沒有出現此畫面請點一下右上角的 ➕)

▲ 於此畫面可以設定 Touch ID 或密碼，在此先設定密碼，點一下 **開啟密碼**。

▲ 輸入二次六位數密碼。

▲ 開啟 **Apple Pay**，消費時就可以直接用 Touch ID 授權消費。

▲ 將要設定為 **Touch ID** 的手指放在 ◉ 主畫面按鈕上開始設定。

▲ 接著依畫面指示，將手指反覆放在 ◉ 主畫面按鈕數次，直到記錄完成。

▲ 點一下 **繼續**，開啟記錄指紋邊緣的部分。

▲ 接著依畫面指示，將手指的邊緣反覆放在 ◉ 主畫面按鈕數次，直到記錄完成。

▲ 都記錄完成後，於完成畫面點一下 **繼續**。

▲ 完成 Touch ID 指紋新增後，就可以看到除了剛才開啟的 **Apple Pay**，**解鎖 iPhone** 也會自動開啟，確保使用安全性。

如果想要再新增不同手指的指紋，可以點一下 **加入指紋**，再依畫面指示完成即可，之後如果想要更改可以於 ◎ 設定 \ Touch **ID 與密碼** 設定。

記錄的指紋愈完整，之後在使用 Touch ID 就會愈順暢。

於 Wallet 加入信用卡

啟用  **Wallet** 並設定密碼與 Touch ID 後，就可以開始加入要使用於 Apple Pay 的信用卡，一個設備中最多可以加入 8、12 張信用卡，只要重覆相同的步驟與驗證就可以加入不同的信用卡了。

如果信用卡不支援 Apple Pay，會於輸入卡號後出現告知訊息。準備好信用卡後，點一下  **Wallet** 開啟依以下步驟操作：

▲ 點一下畫面右上角的 ➕ 開始加入信用卡。

▲ 點一下 **繼續**。

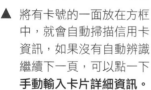

▲ 將有卡號的一面放在方框中，就會自動掃描信用卡資訊，如果沒有自動辨識繼續下一頁，可以點一下 **手動輸入卡片詳細資訊。**

▲ 核對卡片名稱與卡號，如果都正確，點一下 **下一步**。

▲ 輸入此信用卡的 **到期日** 與 **安全碼**，再點一下 **下一步**。

▲ 詳細閱讀條款之後點一下 **同意**。

▲ 點選要驗證此信用卡的方式，點一下 **訊息**，銀行會直接發送驗證簡訊到該手機號碼中，再點一下 **下一步**。

▲ 收到訊息後，會自動讀取並輸入驗證碼，或是可以依照訊息手動輸入，再點一下 **下一步**。

▲ 最後可以看到已啟用卡片的畫面，點一下 **完成** 即可。

▲ 於畫面中就可以看到此信用卡的資訊，代表的圖案不一定與自己的卡片相同。

Apple Pay 付款

在可以使用 Apple Pay 的商店店面結帳時，只要將手機靠在感應器上面，手機會開啟 Wallet 顯示目前使用的信用卡 (若你加入了多張信用卡，可在此時點選要使用的那張)，接著將手指指紋放在 主畫面按鈕 上，掃描成功就會 "噔" 一聲，畫面上出現打勾及消費金額畫面就表示完成消費了。

將手機靠近感應器後，會出現如右圖所示畫面，若一直卡在未感應 Touch ID 或是找不到感應器，以致無法完成付款，可將手機拿起後再放回去重新感應，或是請店員重新設定感應器扣款。

▲ 出現此畫面時，需將 Touch ID 記錄的指紋放上 主畫面按鈕 上。

▲ 出現此畫面時，表示離感應器太遠或是感應器未開啟準備扣款。

▲ 感應完成後會出現扣款金額的畫面。

Apple Pay 比實體信用卡更安全，如果信用卡遺失被撿走就有可能被拿去盜刷，但若是 iPhone 遺失，只要立即透過 iCloud 網頁版，進入 **Find My iPhone (尋找我的 iPhone)**，將手機設為 **遺失模式** 狀態，即會使用密碼鎖定你的 iPhone，讓其他人無法存取你的個人資訊，並會嘗試停用你在 Wallet 中所使用的所有信用卡，不過就算沒有移除資料，對方也無法透過你的 iPhone 使用 Apple Pay，因為還要搭配 Touch ID 或密碼才能順利消費。

另外，也可以透過 iPhone、iPad 和 Apple Watch，在 App 中以 Apple Pay 付款，在使用購物 App 結帳有 Apple Pay 付款選項，點一下 "用 Apple Pay 購買" 或 "Apple Pay" 按鈕，或是將 "Apple Pay" 選作付款方式；如果是使用 iPhone 或 iPad，將手指指紋放在 主畫面按鈕 上(Apple Watch 則是按兩下側邊按鈕)，掃描成功就會 "噔" 一聲，畫面上出現打勾及 "完成" 即可。

檢查最近交易商店與金額

在使用 Apple Pay 完成交易後，可檢查交易記錄，確保沒有被多刷或金額錯誤的情況，於主畫面點一下 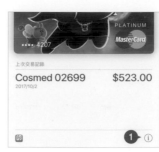 Wallet，點一下想要查看的信用卡，再點一下畫面右下角的 ⓘ 進入詳細資料畫面，再點一下 **交易記錄** 即可看到最近的交易記錄，瀏覽後點一下右上角的 **完成**，再點一下信用卡圖示可以回到上一頁。

於 Wallet 刪除信用卡

如果想要刪除已建立的信用卡資訊，於主畫面點一下  **Wallet**，再點一下想要刪除的信用卡，接著點一下畫面右下角的 ⓘ，於最下方點一下 **移除卡片 \ 移除** 即可。(如果想要再次加入同一張信用卡，銀行必須重新認證才能加入。)

3D Touch 力度調整與測試

透過 3D Touch 不僅能夠感應到你在畫面上的點按，還能夠感應到按壓時的力度，再依據輕重進行相對的回饋。力度調整有分 **Peek**（輕壓預覽）和 **Pop**（重壓啟動），初次使用可能不太習慣施力的方式與力道，可到設定頁面中調整 3D Touch 的力度。點一下  設定 \ 一般 \ 輔助使用 \ 3D Touch，上方滑桿可調整 3D Touch 力度，輕壓或重壓下方影像則可測試 3D Touch 敏感度 (若是按壓縮圖放大到主畫面後，可以點一下 **完成** 回到設定畫面。)

一次移動多個 App

iOS 11 可以一次移動多個 App。先將手機放在桌上，以一手長按任一要搬移的 App 圖示，全畫面的 App 會變成搖擺狀態，拖曳該 App 離開原來的位置至畫面空白處 (手指不放開)，再以另一手一一點選要一起搬移的 App，這時會出現吸附至第一個 App 的效果，接著便能以群組的方式拖曳至要搬移的位置。

快速進入 Widget 查看天氣、行事曆及各種資訊

在鎖定或主畫面中，用手指於畫面由左往右滑，開啟 **Widget** 畫面列出了預設的 App 小工具，點一下想查看詳細內容的項目，就會開啟 App 並顯示該項目內容。(鎖定畫面中的操作必要時需輸入密碼或使用 Touch ID 解鎖後才會開啟 App)

 新增與編輯更多實用的 Widget

在鎖定或解鎖畫面中，用手指於畫面往右滑，開啟 **Widget** 畫面，除了預設的 App 小工具，還可以滑到畫面最下方點一下 **編輯**，於編輯畫面中，點一下 ⊖ 會將該 App 小工具從 **Widget** 畫面中移除，點一下 ⊕ 則會新增該 App 小工具，以手指長按 ≡ 上下移動則可以變更該 App 小工具的前後順序，編輯完成後點一下 **完成** 回到 **Widget** 畫面就完成自訂項目。

 加入第三方 App，Widget 讓生活更便利

Widget 除了內建的 App 以外，也可以安裝第三方 App，讓 App 在生活或工作的使用上，可以更符合自己的需求與習慣。在這裡推薦幾款常用又深獲好評的第三方 App：

· 🕐 **秒速記帳**：每次月底想要看看自己花了多少錢才發現忘了記錄下來嗎？只要新增在 **Widget** 裡頭，隨手滑開就能記帳，還可以載入載具或電子發票、多帳戶、多種貨幣，另有貼心的記帳提醒。

· 📍 **Pinow**：畫面上滑到 **Widget** 就可以知道自己目前所在的位置資訊，App 提供了海拔、經緯度座標、大概的地址及附近景點，還可以直接分享目前位置給親朋好友。

· 🌐 **iTranslate 翻譯**：內建有超過 90 種語言翻譯，提供了離線翻譯、語音文字、語音會話、網站翻譯，還有不同的動詞形態說明，除了用在 **Widget**，還可以用於 🧭 **Safari**、**iMessage**。

· 🔲 **Wdgts**：多功能的 **Widget** 小工具，內建有計算機、匯率換算、時區換算...等。

· 📊 **DataFlow**：利用這個 App 可以清楚的計算網路即時流量、歷史流量、目前網路速度、記憶體空間監控，以及設定多種網路流量使用計畫。

Spotlight 快速搜尋資料好方便

Spotlight 可以讓你透過關鍵字快速尋找設備中的資訊，搜尋範圍包含網頁、App、通訊錄...等，還可以進行簡易計算。

在鎖定或是主畫面中，用手指於畫面由左往右滑，在畫面最上方都可看到 Spotlight 搜尋列，在搜尋列輸入關鍵字再點一下鍵盤的 **搜尋** 鍵，於下方搜尋結果清單中可以點選開啟。於搜尋結果畫面最下方點一下 **搜尋網頁** 就會開啟  Safari 瀏覽；若想要搜尋 App，點一下 **搜尋 App Store** 即可開啟  App Store 搜尋。(若設備有密碼鎖定，建議先解鎖再操作 Spotlight 的搜尋動作，可以有較完整的搜尋權限)

Spotlight 使用 3D Touch 預覽及開啟搜尋結果

在 Spotlight 搜尋結果清單中，可以直接用 3D Touch 預覽該則內容，輕壓搜尋結果清單中想預覽的訊息，壓著不放就會開啟預覽畫面，預覽後只要放開手指就會回到 Spotlight 搜尋畫面；若預覽時手指往上滑，畫面下方就會出現相關選單；若用力按下則會直接開啟該 App。

iMessage 免費傳送訊息給朋友

iPhone、iPad、iPod Touch、Mac...等 iOS 設備的使用者，只要在有網路的環境下，即能夠輕鬆使用 iMessage 免費傳遞訊息給朋友，當然你要傳遞訊息的對象必須也使用有支援 iMessage 服務的 iOS 設備，才能在  訊息 中順利使用 iMessage 訊息。(可以點一下 設定 \ 訊息，確認已開啟 iMessage)

iMessage 能在訊息中加入文字或網址，但要注意，加入聯絡人時，人名顯示為藍色才是透過 iMessage 傳送，綠色則是透過一般電信服務 SMS 付費簡訊傳送。

▲ 於主畫面點一下 訊息 於 訊息 畫面點選 新增訊息。

▲ 輸入朋友電話號碼，或點一下右側 ⊕ 指定聯絡人加入。

▲ 確認聯絡人名稱顯示為藍色，在下方輸入訊息內容，再點一下 傳送訊息。

iMessage 新增、刪除與自訂選單排序

iOS 11 中 **iMessage** 可以插入更多的 App 連結或是圖片選項，還可以自訂選單的位置排序。

於 💬 **訊息** 中開啟任一位朋友的 iMessage 畫面，點一下 Ⓐ (如果沒有看到這個符號，可以先點一下 ⟩)，再點一下 ⋯ ，選單中可以看到目前 iMessage 中所有已下載可使用的 App。

想要新增、刪除或排序選單中的 App，可先點一下右上角的 **編輯**，如果點一下 App 名稱左側的 ➖ 可以刪除該 App；如果點一下 ➕ 則可以新增該 App 顯示於選單，按往 App 名稱右側的 ☰ 上下拖曳可以改變 App 在選單中排列的順序，調整完成後點二次 **完成** 就可以回到 iMessage 的主要畫面了。

iMessage 的專用 App 與貼圖商店

iOS 11 透過 **iMessage** 的 **App Store** 可下載許多不同主題的貼圖或 App。於 💬 **訊息** 中開啟任一位朋友的 **iMessage** 畫面，點一下 Ⓐ (如果沒有看到這個符號，可以先點一下 ⟩)，及下方選單最左側的 Ⓐ，再點一下 ⌃ 開啟 **iMessage** 的 **App Store**。畫面中點一下想下載的 App，或於貼圖右側點一下 **取得** 及 **安裝** (點一下 **顯示全部** 可以找到更多下載項目)，等待下載安裝完成後就可以在下方選單看到縮圖了。 (某些 App 或貼圖下載時也會同步下載 App 到裝置中)；(按住下方選單的縮圖不放拖曳可變更排列位置)。

下載安裝完成後點一下 ⌄ ，於選單中點一下剛才下載的貼圖，再於貼圖清單中點選要傳送的圖案，最後點一下 ⬆ 即可傳送。(點一下 ❌ 可取消傳送)

除了直接傳送貼圖，也可以將貼圖貼在 **iMessage** 的對話畫面中，只要以手指按住貼圖拖曳到文字對話或圖片上即可。

iMessage 為訊息套用隱形墨水、震撼、縮小特效

iMessage 可以將要傳送的文字訊息套用 **震撼、放大、縮小** 及 **隱形墨水** 的不同效果。於 訊息 中開啟任一位朋友的 **iMessage** 畫面，輸入要套用效果的文字訊息後用力按下 ↑ (若手機無 3D Touch 功能可長按 ↑)，接著清單中點一下要套用的效果 (這裡點一下 **隱形墨水**)，再點一下 ↑ 就會將套用特效的訊息送出。(套用隱形墨水的訊息要以手指滑過才會顯現)

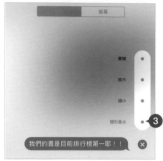

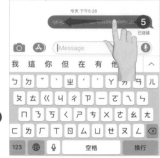

iMessage 傳送祝賀、氣球、煙火背景動畫

iOS 11 新增了 4 種背景動畫，讓 **iMessage** 隨著訊息傳送全螢幕的動畫有更多選擇。於 訊息 中開啟任一位朋友的 iMessage 畫面，輸入要傳送的訊息後用力按下 ↑ (若手機無 3D Touch 功能可長按 ↑)，接著點一下畫面上方 **螢幕**，再於畫面中央以手指往左往右滑的方式瀏覽並選擇合適的動畫(這裡選用 **煙火** 效果)，再點一下 ↑ 就會將訊息及全螢幕動畫同時送出。

暫停特定對象的訊息通知

如果想要暫停接收所有通知，可以開啟 **勿擾模式**，但如果只是想要暫停特定對象的訊息通知，可以於 訊息 畫面中將該對象的訊息列以手指往左滑，點一下 **隱藏提示**，該對象左側就會出現 ☾ 符號表示設定完成。如果要取消，只要再將訊息列以手指往左滑，點一下 **顯示提示** 就會恢復通知了。

也可以在雙方對話畫面右上角點一下 ⓘ，再開啟 **隱藏提示** 項目即可。

不方便接聽的電話先轉靜音或轉至語音信箱

在開會或看電影的時候突然來電，雖然切了靜音但裝置還是會一直震動，不論有沒有開靜音，在電話來的時候可以按一下電源鍵，就可以將震動或聲音先關閉但不會掛斷電話。如果再按了第二下電源鍵，就會直接掛斷來電並轉入語音信箱 (對方會聽到 "您的電話將轉至語音信箱.." 的訊息)。

回傳訊息給不方便接聽的電話

在不方便接電話的情況下時突然電話響了，除了可以用電源鍵先轉成靜音以外，也可以更禮貌性的回傳一個訊息給來電的人。

於來電的畫面點一下 **訊息**，在清單中點一下要回傳的訊息，除了預設的句子以外，也可以點一下 **自定**，另外輸入訊息再傳送出去。

一鍵快速重撥電話

剛撥出的電話想要再撥一次，難道還要再到聯絡資訊尋找嗎？那可就太麻煩了，如果上一通是於 📞 **電話** 中 **數字鍵盤** 一一點按數字撥出，即可以於 📞 **電話** 中 **數字鍵盤** 點一下 📞，就會出現之前撥出的電話號碼，只要再點一下 📞 就可以直接重撥了。

停止騷擾！封鎖不喜歡的來電

煩人的電話行銷重複來電常打擾工作與生活，只要點一下 📞 **電話**，於 **通話記錄** 清單中要封鎖的電話右側點一下 ⓘ，再於簡介畫面最下方點一下 **封鎖此來電者**，最後再點一下 **封鎖聯絡人**，就不會再收到任何來自於這個號碼的來電、訊息或 Facetime。

讓 Siri 告訴你是誰打電話來？

有時候太忙或是不方便拿手機看誰來電時，**Siri** 可以直接告訴你是誰打電話來。

點一下 ⚙ 設定 \ 電話 \ 宣告來電者，在選單中可以選擇 Siri 告知的情況，這裡點一下 **總是**，在來電的同時就會唸出來電者的名稱。

來電先掛斷，於一小時後提醒回撥

可以指定先掛斷目前的來電，待離開目前地點、抵達公司、抵達家裡或是一個小時後即提醒回電。首先點一下 📞 **電話**，於 **聯絡資訊** 畫面最上方點一下個人資訊，確定個人聯絡資訊中是否已輸入住家與公司的住址...等，在設定來電提醒時才能擁有更多的選擇。

在來電畫面中點一下 **提醒**，再點一下要指定的提醒方式，會掛斷此通來電並在 📋 **提醒事項** 中新增一個提醒事件 (對方會聽到 "您的電話將轉至語音信箱.." 的訊息)。當以鬧鈴方式提醒你時，只要點一下提醒項目就能回撥了。(需先開啟定位才能指定地點提醒功能)

在勿擾模式中允許特定對象的來電及訊息

睡覺的時候都不希望被人干擾，但有些重要的電話又不能不接。此時可以點一下 📞 **電話**，於 **通話記錄** 清單中重要人物的電話右側點一下 ⓘ，再於簡介畫面點一下 **加入常用聯絡資訊**，清單中點選要加入的聯絡方式。

接著點一下 ⚙ **設定\勿擾模式**，設定 **允許的來電** 項目為 **常用聯絡資訊**，最後於畫面最底端往上滑，開啟控制中心，點一下 🌙 呈現 🌙，如此一來就不會被不重要的來電打擾了。

照片、影片
捕捉最精彩的瞬間

聰明地挑選出照片和影片中的活動、旅程、人物、寵物...，以精美的選集呈現！
新一代壓縮技術、Live Photo、人像光線、濾鏡、景深...，體驗前所未有的感動。

照片影片新格式，空間可激增一倍！

HEIF 影像格式 / HEVC 影片視訊編碼

iOS 11 為照片與影片推出 **HEIF** 影像格式以及 **HEVC** 影片視訊編碼，可將 iPhone 照片和影片的檔案大小壓縮效果增加 2 倍 (iPhone 7 及以上機型才支援)。HEIF 影像格式會以 .HEIF 或 .HEIC 副檔名儲存 (而非 jpg)，而影片規格由原來的 H.264 提升至 HEVC 編碼 (副檔名仍是 .MOV)，不僅強化壓縮率，並且可以在不影響畫質的情況下大幅縮小檔案容量，對機型容量小的使用者來說是個很實用的新功能。

實際容量到底有沒有減少？

以同一個場景拍攝實測，JPG 格式約為 1.6 MB，而 HEIF 格式則約 775 KB；影片也是一樣，HEVC 影片視訊編碼下的影片檔確實縮小了一半的檔案大小。

使用新的規格會不會不方便？

目前從 iPhone 上傳照片到 Facebook、LINE、Skype...等平台會自動轉成 JPG 格式，而上傳至 iCloud Drive、Dropbox 雲端硬碟也會要求或自動轉成 JPG 格式，但上傳至 Google 雲端硬碟或直接於 www.icloud.com 下載 照片 中的檔案至本機電腦，則是保持原始格式不會自動轉換 (也許日後系統更新會有所調整)。當上傳影片到各平台上，因為影片仍是維持 .MOV 格式只是編碼不同，只要該平台支援 HEVC 編碼均可播放，從 iPhone 上傳照片到 Facebook、LINE、YouTube...等平台均可直接瀏覽播放。

HEIF / JPEG 格式確認與切換

點一下 設定 \ 相機 \ 格式，在此畫面可以確認目前拍照、錄影時照片影片的格式。當點一下 高效率 即切換到新格式 HEIF/HEVC，如果點一下 最相容 則切換到舊格式 JPEG/ H.264。

3D Touch 自拍 / 錄影 / 錄製慢動作 / 拍人像更方便

用力按下主畫面上的 相機，於 3D Touch 快速選單可以直接點選 自拍、錄影、錄製慢動作 或 拍攝人像，日後拍照時就不用先點選相機切換功能選擇了。

雙鏡頭 2x 光學變焦、10x 數位變焦

iPhone 雙攝錄鏡頭擁有 2 倍光學變焦，可拍出超特寫的照片與影片，使用數位變焦還能再拍出拉近高達 10 倍的照片及 6 倍的影片。📷 **相機** 的 **拍照** 模式下，點一下 1x，可切換成 2x，這樣即是 2 倍光學變焦，按住 2x，於變焦轉盤上滑動，最高可變焦為 10x。

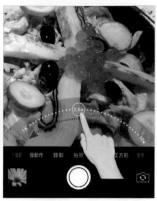

" 人像 " 模式更強了

📷 **相機** 中這個專為 iPhone 雙鏡頭機型推出的 **人像** 模式變的更強了！原本只要光線足夠、主題不要太小、不要離鏡頭太近但也不能超出 2.5 公尺以外，就能拍出具有景深 (背景模糊而主題清晰銳利的效果) 的照片，而 iOS 11 更支援光學影像防手震和 HDR 效果，膚色也更加自然，以及提升低光拍攝表現。

開啟 📷 **相機** 後切換模式至 **人像** 模式，可調整是否使用 HDR 效果 (iPhone 8 / 8 Plus / X 機型預設即為內建 HDR 模式不需手動點按，若想調整為手動切換，請參考下頁技巧說明)，接著點一下主題 (對焦)，再前、後移動設備調整位置，畫面下方會以文字告知："離遠一點"、"將主題放在離 2.5 公尺以內的距離"、"需要更多光線"...等，引導你拍出景深效果。當畫面上方標示文字 (景深效果、自然光、攝影棚燈光、輪廓光、舞台燈光、舞台燈光黑白) 呈黃色時，只要點一下 ⚪ 即可拍出具有景深效果的照片。

使用 **人像** 模式拍攝後不會將有景深效果的照片與原始照片分別保存，僅會儲存有景深效果的照片，如果想要移除景深效果，則必須點一下 🌸 **照片** 進入該張照片的照片編輯器，並點一下畫面上方的黃底 **人像** 標示，變成黑底時即表示已移除人像景深效果。

" 人像光線 " 打出攝影棚光效果

iPhone 8 Plus 、iPhone X 後方的主鏡頭與 iPhone X 前方自拍鏡頭於 iOS 11 有支援 **人像光線** 功能，**人像光線** 是 📷 **相機** 中 **人像** 模式的全新功能，依據專業攝影打光原則在 **人像** 模式拍照時使用各種攝影棚級的打光效果，為你拍出更漂亮的人像照片。

開啟 📷 **相機** 中 **人像** 模式，按住下方各光線模式的圓點拖曳，會出現光線模式轉盤，於轉盤上滑動可即時預覽各模式效果，滑到所需光線模式放開，效果會即時顯示在取景畫面。最後點一下拍照鈕即可拍出打上指定人像光線效果的照片。

人像光線 功能，可讓使用者創造出更多有變化性的人像照片，**人像光線** 共有五種效果可選擇，包含 **自然光、攝影棚燈光、輪廓光、舞台燈光、黑白舞台燈光**。iPhone X 前方自拍鏡頭因為搭載 TrueDepth 視訊鏡頭模組，同樣可在自拍模式使用人像模式自拍，以及人像光線拍模式拍攝效果。

· **自然光**：原來的人像模式效果，背景模糊而主題清晰。

· **攝影棚燈光**：為臉部整體自然提亮，讓臉部光線更均勻。

· **輪廓光**：為臉部添加輪廓陰影，高光度和陰影交錯讓臉看起來更小更立體。

· **舞台燈光**：具有倫勃朗光的藝術效果，呈現出聚光照明與深黑色的背景形成強烈的反差，然而目前這個模式的背景虛化效果，會使得影像中較暗的部份或黑色頭髮被虛化，呈現出來的主體就會不完整。

· **黑白舞台燈光**：與舞台燈光的效果相同，只是以經典的黑白風格呈現。

▲ 自然光　　　　▲ 攝影棚燈光　　　　▲ 輪廓光　　　　▲ 舞台燈光　　　　▲ 黑白舞台燈光

▲ 自然光

▲ 攝影棚燈光

▲ 輪廓光

▲ 舞台燈光

▲ 黑白舞台燈光

人像光線的面部識別技術和面部深度圖，憑藉 A11 仿生晶片和
全新圖像信號處理器，為拍攝的對象添加陰影、聚光照明等光
影效果，彷彿人工為人物打光。**人像光線** 是專為人像攝影所
設計的功能，拍攝風景或物品以及面對過於雜亂的背景都會影
響人像光線的效果。

HDR 模式拍照

以 **HDR** 模式拍攝，每次拍照會儲存二張照片，一張是
經由 **HDR** 處理並合成的，另一張則是正常曝光的照
片，iPhone 7 / 7 Plus 及以下機型用 **HDR** 模式拍照愈
多時備份的照片也就愈多，這時可選擇只保留 HDR 的
最佳成像照片：點一下 設定 \ 相機，**HDR** 項目下
關閉 **保留正常照片**，右側圖示呈 狀即可。

然而 iPhone 8 / 8 Plus / X 機型預設即為內建 HDR 模式
不需手動點按，每張照片拍出來即是經由 **HDR** 處理並
合成的，若想調整為手動切換 **HDR** 模式需另外設定：
點一下 設定 \ 相機，**HDR** 項目下關閉 **自動 HDR**，
右側圖示呈 狀即可，也可再開啟 **保留正常照
片**，右側圖示呈 狀即可同時保留 HDR 照片與一
般照片。

Live Photo 讓照片動起來

iPhone 6s 以上機型支援 Live Photo，可捕捉拍照瞬間
景物的動態與聲音，呈現出約 1.5 秒的 "動態照片"，猶
如哈利波特預言家日報中的動態影像！

📷 **相機** 的 **拍照** 模式下，拍照前先確認畫面上方的
Live Photo 圖示是否呈 ◎ (橘色) (若不是，需先點一下
◎ 圖示呈現 ◎)，接著點一下 ◯ 進行拍照，即可將過
程約 1.5 秒的景物捕捉下來 (捕捉過程畫面上方會出現
LIVE 圖示)。

拍照後，點一下畫面左下角縮圖可切換至 ✿ **照片** 觀看該張動態照片 (照片左上角會有 **LIVE** 標示)，只要稍加
按壓照片上的任何一處，就能以動態呈現。

為 Live Photo 套用循環、來回播放、長時間曝光

以往 Live Photo 只能看到約 1.5 秒的動態照片，現在多了 **循環播放**、**來回播放** 與 **長時間曝光** 三種可套用的效
果。

- **循環播放** 會自動重複
  播放照片動作。

- **來回播放** 會於播放完
  再倒轉回放。

- **長時間曝光** 是將該
  Live Photo 拍攝期間
  所拍到的照片疊起
  來，營造出像單眼拍
  攝一般的長曝效果。

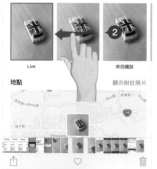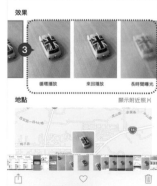

▲ 進入 ✿ **照片**，切換到該
張 Live Photo 照片，在
照片上方往上滑就會看
到 **效果** 選項。

▲ 於 **效果** 選項往左滑可以
看到這次新的三個效果
選項。

▲ 選按任一效果選項即可
套用。

為 Live Photo 增強整體色調與裁剪

於 **照片** 切換到該張 Live Photo 照片，點一下右上角 **編輯**，即進入其編輯模式。

點一下畫面右上角 圖示即自動增強照片整體效果，應用下方的三個智慧型微調工具鈕，分別可調整： **剪裁**、 **濾鏡**、 **對比與色彩**。

 # 為 Live Photo 調整動畫長度

於 **照片** 切換到該張 Live Photo 照片，點一下右上角 **編輯**，即進入其編輯模式。於畫面下方的影片時間軸兩端各有一個白色箭頭，用手指拖曳任一端箭頭指定影片的起始點與結束點調整影片長度 (拖曳後會變成黃色箭頭)，最後點一下 **完成** 即可。

 # 將 Live Photo 轉成靜音或靜態照片

於 **照片** 切換到該張 Live Photo 照片，點一下右上角 **編輯**，即進入其編輯模式，點一下畫面左上角的 圖示呈 狀，即可將 Live Photo 調整為靜音，再點一下 **完成** 即可。

若要將 Live Photo 照片轉成靜態照片，同樣於編輯模式中，點一下上方的 圖示呈 狀；或於下方連拍的多張縮圖點一下想要轉成靜態呈現的一張，再點一下 **設為主要照片**，再點一下上方的 圖示呈 狀，最後點一下 **完成** 即可。

取消 Live Photo 功能

每次拍照都要檢查是否關閉 Live Photo 功能覺得有些麻煩！只要在 📷 **設定 \ 相機 \ 保留設定** 頁面，關閉 **Live Photo** 項目，再回到 📷 **相機** 的 **拍照** 模式下，確認畫面上方的 Live Photo 圖示是否呈 ◎ (若還不是請點一下 ◎ 切換為 ◎)。日後打開 📷 **相機** 時就不會再自動開啟 Live Photo 功能。

用計時器連拍不失誤

📷 **相機** 中的 **計時器** 是拍團體照與自拍的好幫手，可設定 **3 秒** 與 **10 秒** 二種到數計時方式，拍照時將 iPhone 放置於專用角架、自拍器或可立放的台面上，接著對好畫面，設定好秒數後，只要點一下 ⭕ 快門鍵，畫面右下角會出現倒數數字、手機後方主鏡頭旁的 LED 閃光燈會閃動提醒倒數秒數。

▲ 進入 📷 **相機**，切換至 **拍照** 模式，點一下上方的 ⏱ 開啟計時器設定。

▲ 可設定 **關閉**、**3 秒**、**10 秒** 三種選項。

▲ 設定好計時的秒數後，點一下 ⭕，就等倒數計時並拍照！

透過 **計時器** 拍的 "靜態" 照片，會自動連拍 10 張，連拍完的照片會變成一組照片，並自動幫你挑選出一張效果最好的照片，這樣一來可聰明的幫你預防光線變化或手震的狀況。

當然你也可以於多張連拍的照片組中手動挑選，或刪除整組連拍照片，就不會佔用相簿空間。

▲ 拍照後進入 🌸 **照片**，於剛剛拍的計時自拍或團體照縮圖點一下開啟瀏覽，在此組連拍照片左上角會標示 **連拍 (10 張照片)**。點一下 **選取**。

▲ 下方可看到連拍的 10 張縮圖，整體效果較好的一張下方會標示灰色圓點，點選該張縮圖後，核選該照片，再點一下 **完成**。

▲ 這時可選擇：**保留所有照片** (點選的這張會另外儲存)，還是 **只保留 1 個喜好項目** (點選的這張會保留，其他張則刪除)。

套用全新的濾鏡效果

開啟 相機 拍照時，由畫面中往上滑，畫面下方會
出現九組濾鏡效果(點一下畫面右上角的 也可開啟
濾鏡清單)，分別為：**鮮豔、鮮豔暖色、鮮豔冷色、戲
劇、戲劇暖色、鮮豔冷色、黑白、銀色調、復古**，並
已套用在鏡頭前的景物上。於濾鏡清單上，以左右滑
動的方式改變套用的濾鏡，再進行拍照，這樣一來照
片就會直接套用該濾鏡效果。(Live Photo 也能先套用
濾鏡效果再拍照)

自動水平修正

過去如果照片拍得歪歪的，必須進入照片編輯模式手動
調整水平角度，而 iOS 11 相機 新增了水平十字參
考線，讓你拍攝水平物品時可以偵測水平度。

開始拍攝前，請先在 設定 \ 相機 頁面開啟 格線 (右
側圖示呈 狀)。接著開啟 相機 的 拍照 模式，
當你水平持握手機向下拍攝時，會出現水平十字參考
線判斷手機與桌面、地面的水平關係，水平參考線是
由白、黃色兩個十字組成，當黃色和白色的十字符號
完全重疊時，代表目前水平持握的手機與桌面、地面
是處於水平狀態。

用相機掃描 QRCode

以往想要透過 iOS 裝置讀取 QRcode 都得另外下載一個讀取 QRcode 的 App，不
過更新到 iOS 11 後，只要打開 相機 並把鏡頭對準要掃描的 QRcode，就會自
動掃描，並跳出訊息詢問要不要在 Safari 中開啟，點一下該訊息即可於 Safari
中開啟該 QRcode 中的網頁頁面或相關資料內容。

用 " 時刻 " 、 " 選集 " 和 " 年份 " 分類管理照片

拍完照後，進入 照片 的 照片 分類中，會看到照片、影片自動依照拍攝的地點和時間米分類並使用縮圖呈現。預設為 時刻 模式，另外還有 選集 與 年份 二個瀏覽模式，以時間和地點為照片和影片進行直覺性的分類，瀏覽照片的同時也快速進行回憶之旅，對於喜歡拍照的你，照片再多也不怕找不到囉！

▲ 點一下 照片 分類。

▲ 預設為 時刻 模式，會看到是針對拍攝時間點與日期來分類照片與影片。點一下左上角 選集，會切換至 選集 模式。

▲ 在 選集 模式，可以區分特定地點拍攝的照片與影片，點一下左上角 年份，會切換至 年份 模式。

▲ 在 年份 模式，會顯示一整年所拍攝的照片與影片。在 年份 模式，只要點選任一張照片就可立即切換至 選集 模式，再點任一張照片又可再切換至 時刻 模式。

瀏覽照片時可以看到更多資訊

 照片 的 照片 分類中，點一下照片縮圖可開啟單張照片進行瀏覽。

瀏覽單張照片時，於照片上方由下往上滑開，會於照片下方列出當時拍照的 地點 與 相關項目，點一下 地點 中的 顯示附近照片 則以該地點為中心點，以地圖顯示你曾在各處拍過的照片。

若瀏覽的是內有人物的照片，詳細資訊中還可瀏覽其他人物相關照片。

照片沒有地點資訊？

✳ **照片** 會以時間和地點為照片和影片進行直覺性的分類，若是沒有顯示地點資訊，點一下 ⚙ **設定 \ 隱私權 \ 定位服務**，先確認是否開啟 **定位服務** (右側圖示呈 ⬤ 狀)，再點一下 **相機**，點一下 **使用 App 期間** 項目，這樣就可以囉！

依 " 地點 " 分類整理照片

✳ **照片** 的 **相簿** 分類中，點一下 **地點** 相簿，就會看到以地圖的方式整理與呈現你拍的照片。

跟瀏覽 🗺 **地圖** 的方式相似，使用兩指分開或靠攏來縮放檢視比例，待找到合適的地點，點一下縮圖即可進入該地點瀏覽相關照片。

依 " 人物臉孔 " 分類整理照片

✳ **照片** 的 **相簿** 分類中，可以看到相簿排列方式由條列變成格狀，並且增加了 **人物** 相簿。

自動辨識功能會掃描整個照片清單並辨識照片裡的內容，一旦辨識出臉孔，會自動將同一個人的照片集中起來，之後再拍到這個人的照片，就會自動把新照片加入他的專屬相簿 (iPhone 5 之前的機型則不支援臉孔辨識)。

點一下 **人物** 相簿，可以看到此類別中已辨識出來的臉孔，點一下臉孔縮圖可以進入整理好的專屬畫面，瀏覽該人物相關照片。

修訂辨識度

當進入任一人物瀏覽其相關照片時,首次進入可點一下 **檢視** 鈕,確認自動辨識功能是否辨識準確,若辨識清單中有其他人物的照片,可取消點選該照片再點一下 **完成**,這樣才完成辨識修訂。

為個人項目命名

當進入任一位人物瀏覽其相關照片時,可以點一下畫面上方的 **加入名稱**,接著輸入人物名稱,再點一**下一步** 與 **完成**,即完成該人物的命名。

確認其他照片

目前瀏覽多台設備臉孔辨識後的結果,發現多少還是會有些辨識失誤,這時可以點一下 **確認其他照片** 將你想要歸檔的人物項目加入此相簿中。

指定為喜好項目

常用的人物項目可以點一下畫面右上角 **選取**，再於臉孔縮圖右下角點一下愛心圖示 (可點選多個)，再點一下 **喜好項目**，喜好項目會擺放於畫面最上方，以後要找這幾個人物的相關照片就更快速了。

調整縮圖項目的位置

人物 相簿中，以手指按住要調整的縮圖項目，移至要擺放的位置再放開手指，即完成縮圖位置調整。

新增人物項目

當 照片 內某位人物的照片較少或沒有個人照，就不會自動被收錄於 **人物** 相簿中，這時可以手動新增。

首先於 **照片** 分類中開啟要新增於 **人物** 相簿的照片，於照片上方由下往上滑開，於該張照片取得的人像縮圖清單中選按要新增的人物項目，再為其加入名稱。

完成名稱的加入後，下次於 **人物** 相簿中就可以看到該人物的項目縮圖。

建立專屬相簿

拍攝的照片與影片會放置在
照片 的 照片 分類中,雖
然會透過時間和地點自動歸
類整理,但累積久了,突然
要找某天聚會或旅遊的照片
時還是會花費不少時間!建
議可以依拍照主題建立專屬
的相簿。

▲ 點一下 相簿,再於畫面
左上角點一下 +。

▲ 輸入要新增的相簿名稱
後點一下 儲存,一一點
選要加入相簿的照片縮
圖,最後點一下 完成。

▲ 於 我的相簿 中可看到剛
才新增的相簿與指定整
理到其中的照片。

用照片、影片整合成一部 " 回憶 " 影片

照片 的 回憶 分類在 iOS11 也有更新,擁有更強的影像辨識能力,因此可以自動生成更多主題,除了原有
的以時間、地點或人物主題,之後會產生的新類別包括寵物、嬰兒、戶外活動、表演、婚禮、生日和體育賽
事...等。值得一提的是,現在也支援直式播放回憶影片了,讓直式照片不用再以縮小或裁切的方式播放。

播放回憶影片

於 回憶 分類中,是由系統依照片內容以及地點、時
間...等因素,自動判斷後產生的各式主題影片 (一般有
上週、過去一年精選、過去 3 個月精選、過去 1 個星
期精選、歷史上的今年、人像照...等主題)。

▲ 點選任一個主題即可進
入其詳細內容畫面。

▲ 點一下最上方的影片或
▶ 即可播放。

照片 的 照片 中，於 選集 模式可瀏覽依某段旅程或某段主題而製作的回憶影片；而於 時刻 模式可瀏覽依拍攝時間點與日期而製作的回憶影片：

▲ 點一下主題右側 ⟩ ，再點一下 ▶ 即可進行播放。　　　　▲ 點一下主題右側 ⟩ ，再點一下 ▶ 即可進行播放。

照片 的 相簿 中，點一下 人物 相簿，再點選想要瀏覽的臉孔縮圖，即可瀏覽該人物的回憶影片。

編輯回憶影片

系統自動產生的回憶影片可以再手動編輯，調整標題文字、時間長度、加上或拿掉照片影片、更換配樂...等。

  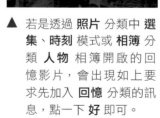

▲ 若是透過 照片 分類中 選集、時刻 模式或 相簿 分類 人物 相簿開啟的回憶影片，會出現如上要求先加入 回憶 分類的訊息，點一下 好 即可。

▲ 於要編輯的回憶影片上點一下 ▶ 進行播放。

▲ 播放完畢後 (或點一下螢幕畫面) 會進入編輯模式，可於下方點選其他主題音樂或選擇 短、中、長 時間長度快速套用 (該回憶影片內的照片數若較少則不會出現 中 或 長 的選項)，點一下右上角的 編輯 進入進階編輯。

▲ 點一下 📷 可指定要以橫式或直式播放,接著點一下 **標題** 右側明細。

▲ 可調整主標與副標文字,下方可點選樣式套用,點一下 ◀ 回到編輯選單。

▲ 點一下 **標題影像** 右側明細,可指定片頭影像,點一下 ◀ 回到編輯選單。

▲ 點一下 **音樂** 右側明細,再點選音樂來源。

▲ 於配樂清單中點選試聽並指定合適的音樂後,點多下 ◀ 回到編輯選單。(☁ 代表需先下載)

▲ 點一下 **持續時間** 右側明細,可調整時間長度,點一下 ◀ 回到編輯選單。

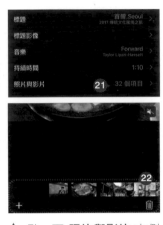

▲ 點一下 **照片與影片** 右側明細,可新增或刪除照片或影片,點一下 ◀ 回到編輯選單。

▲ 編輯完成後,點一下編輯選單右下角的 **完成**,即可儲存剛剛的設定。

分享回憶影片

回憶 分類可看到剛剛編輯好的專屬回憶影片,點一下回憶影片可以指定儲存到 ❀ **照片** 中或透過郵件、Facebook、Message、Line...等平台分享,也可以於 Apple TV 上觀賞,與朋友一同重溫這份回憶。

▲ 點一下 📷 圖示可以將影片切換為直式或橫式。

在照片上畫圖、加文字或局部放大標示 (Markup)

照片 可為照片塗鴉、加入放大鏡、文字，現在還可加入簽名檔、對話框圖形...等。

▲ 於 **照片** 分類中，點選要編輯的照片縮圖，再點一下右上角的 **編輯**。

▲ 進入照片的編輯模式，點一下 。

▲ 點一下 **標示** 圖示。

▲ 點一下色塊，指定畫筆顏色，再點一下畫筆回到主選單。

▲ 點一下想要使用的畫筆，可在照片上開始塗鴉。(塗鴉時，如果不滿意畫出來的內容可點一下右下角的 回復)。

▲ 點一下 可將塗鴉畫錯的擦掉；點一下 可圈選塗鴉線條後拖曳移動，調整擺放的位置。

▲ 點一下 ，再點一下選單下方的圖形可繪製各式圖形物件。

▲ 繪製好的物件可拖曳其藍、綠控點調整角度與大小，接著於下方點一下 與 可調整色彩與樣式。

▲ 點一下 ，再點一下 **文字**。照片上會產生文字物件，點二下即可輸入文字，完成輸入後點一下照片跳出輸入模式。

▲ 再次點一下文字物件，於下方點一下 與 可調整色彩與字型、字級、對齊方式。

▲ 點一下 ，再點一下 **放大鏡**。照片上會產生一個圓圈，按住圓圈中間可調整位置，拖曳藍、綠控點能調整圓圈大小與影像放大倍率。

智慧型微調照片光線、顏色飽合度、黑白色調

編修照片的光線、顏色飽合度、黑白色調，不用切換到其他 App，也不必大費周章傳送到電腦處理， 照片提供了 **智慧型微調** 功能，曝光值、亮度、對比、飽合度、色偏...等都可應用智慧型滑桿輕鬆調整。

▲ 進入 照片，點選要編輯的照片縮圖，再點一下右上角的 編輯。

▲ 點一下 ，再點選要調整 光線、顏色 或 黑白 項目。

▲ 這三個項目下方均有控制列，左右拖曳調整出最合適的效果，點一下 ，會列出細部調整項目。

▲ 細部調整項目調整好後，點一下 關閉，再點一下 完成 即可儲存效果。

照片後製套用特色濾鏡

照片 內建九款濾鏡特效，可以幫照片加上鮮豔、鮮豔暖色、鮮豔冷色、戲劇、戲劇暖色、鮮豔冷色、黑白、銀色調、復古濾鏡。

▲ 開啟 照片，點選要編輯的照片縮圖，再點一下右上角的 編輯。

▲ 點一下 ，會開啟九款濾鏡效果，點選合適的濾鏡套用，完成後點一下 完成 。

▲ 儲存後如果不太喜歡套用的效果，可再次進入該張照片的編輯畫面，點一下右下角 回復。

▲ 點一下 回復原狀，就可以將照片還原到最原始的狀態，相當方便！

拍攝 4K、1080p HD 影片

影片不僅支援 4K / 30 fps (每秒 30 影格) 影片，iPhone 8 / 8 Plus 以上機型還新增了 4K / 24 fps 與 4K / 60 fps，4K / 60fps 是相當高階的錄影規格，讓每秒捕捉到更多的動態細節。

拍攝 1 分鐘的 4K 影片需 375MB，所以在選擇影片格式時要考量到設備的容量。錄影模式預設為1080p HD / 30 fps，想要使用 4K 錄影則必須手動設定：

▲ 點一下 ⚙️ 設定 \ 相機，再點一下 錄影，於合適的錄影規格上點一下即可套用。

◀ 進入 📷 相機 的 錄影 模式，點一下畫面中的景物進行對焦可設定正確的曝光度，影片若非以預設格式進行錄影，畫面右上角會有一個小小的影片格式標示。點一下 ⚪ 開始錄影，再點一下 🔴 即結束錄影。

分享照片 / 影片到 Facebook、YouTube、Line ... 等

旅遊拍了精彩的照片、影片，真想立即與朋友分享！只要 iPhone / iPad 有上網，就可以透過電子郵件、訊息、Facebook、Messenger、Flickr、LINE、YouTube ...等平台分享。(如果影片點選於 YouTube 分享時，還可選擇以 **標準畫質** 或 **HD** 畫質呈現。)

(在 📷 照片 中分享照片或影片時，要特別注意，有些分享平台或方式會限制一次可分享的數量。)

▲ 開啟 📷 照片，點一下 選取，一一點選或滑過要分享的照片、影片。

▲ 選好要分享的照片與影片後，於左下角點一下 📤。

▲ 會依目前選取的照片、影片數量，出現可以分享的平台供你選擇。

在電視上播放 iPhone / iPad 中的照片 / 影片

iPhone / iPad 上的 **螢幕鏡像輸出** 功能可以將設備內的照片、影片畫面傳送到 Apple TV (設備需連結同一個區域網路),再轉投射到大螢幕或電視,不但可以享受無線傳輸的便利性,也可感受高畫質的視覺效果。

首先連接及設定好 Apple TV (可參考 P6-14 的說明),再如右操作說明將 iPhone / iPad 畫面投射到大螢幕或電視:

▲ 開啟 **控制中心**,點一下 ⬚ **螢幕鏡像輸出** 項目。

▲ 點一下 Apple TV 項目,接下來在 iPhone / iPad 上播放照片就能投射到大螢幕或電視上。

沒有網路也能將照片 / 影片傳給朋友

用你的手機拍了團體合照後,是否想要馬上將照片傳送給朋友們!AirDrop 是與周遭朋友分享照片和影片的便利工具,即使朋友不在你的聯絡資訊中也沒問題。只要你與朋友的 iOS 設備均開啟 AirDrop 服務,選擇要分享的照片、影片,點一下 ⬆ **分享**,點一下 AirDrop 分享清單中朋友的圖示,朋友就可接收到該張照片、影片囉!

PART

5

工作、記事
帶來全新改變

iPhone / iPad 多款實用 App，為你的生活與工作帶來全新翻轉！舉凡郵件發送瀏覽、網路搜尋資料、景點行程安排、備忘記事或查詢路況...等大小事通通一機搞定！

加入 Google、Yahoo!... 多種郵件帳號

即使 Apple 已經內建 iCloud 郵件帳號，但如果能使用習慣的郵件帳號來收發信件還是比較方便。這裡小編以 Gmail 的設定方法示範說明，而其他郵件帳號的設定均相似。點一下 設定 \ 帳號與密碼 \ 加入帳號，進入設定帳號畫面：

▲ 於 加入帳號 畫面先點一下 Google。

▲ 分別輸入帳號及密碼後，各點一下 繼續。

▲ 開啟要同步的項目後，點一下 儲存。

3D Touch 完成郵件快速新增 / 搜尋 / 預覽

以往打開 郵件 才能完成的新增、搜尋或預覽...等動作，現在只要運用 3D Touch 觸控方式，用力按下主畫面上的 郵件，於快速選單即可點選這些功能。

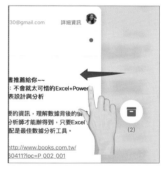

▲ 進入 郵件 後，輕壓郵件標題不放可預覽信件內容。

▲ 往上滑動開啟常用 回覆、轉寄... 等操作清單

▲ 往右滑動可標示已讀

▲ 往左滑動則是刪除或封存 (依信箱帳號平台不同會有差異)

3D Touch 聰明瀏覽、拷貝或分享郵件中的連結

郵件內的超連結，透過 3D Touch 觸控方式，只要輕壓連結不放，就可以在不開啟 Safari 的狀態下預覽連結內容，往上滑動開啟常用操作清單，放開手指即返回郵件畫面。

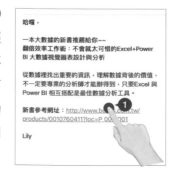

在郵件中附加儲存在 iCloud Drive 的檔案

📧 **郵件** 除了能插入設備中的照片、影片，還可以直接加入儲存在 iCloud Drive 雲端硬碟上的檔案為附件 (要附加檔案前，請確認你的 iCloud Drive 中上已存放要寄送的檔案，詳細的上傳方式可參考 P8-5)。首先打開 📧 **郵件**，在新增郵件內容空白處點一下出現插入點：

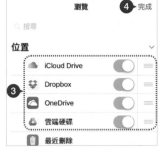

▲ 輸入 **收件人** 及 **標題** 後，於插入點上方點一下會出現編輯選項，先點一下 ▶ 再點一下 **加入附件**，接著點一下畫面下方的 📂 **瀏覽**，再點一下 iCloud Drive 中要夾帶的檔案即可。

▲ 如果已有使用 Google Drive、Dropbox... 等雲端平台並於設備中也安裝了相關 App 時，點一下左上角 **位置**，再點一下右上角 **編輯**，可以看到其他雲端平台選項，開啟選項再點一下右上角的 **完成** 即可使用。

將郵件的影像附件儲存至 iPhone / iPad

📧 **郵件** 中開啟含有照片附件的郵件內容，在夾帶的照片檔上長按，清單中點一下 **儲存影像** (單張) 或 **儲存**個影像** (全部)，即可下載郵件中的照片附件，並存放到 🌼 **照片** 中。

將郵件附件儲存至 iCloud Drive

現在你可以將郵件的附件儲存到 iCloud Drive 雲端硬碟，不僅可以節省設備空間，還可於跨平台設備存取檔案。📧 **郵件** 中，開啟含有附件的郵件內容：

▲ 長按郵件中夾帶的檔案。

▲ 點一下 **儲存到檔案**。

▲ 點一下 **iCloud Drive** 與 **加入**，即完成儲存動作。

向左滑可快速刪除郵件

於收件匣中想刪除的郵件由右往左滑到底，即可直接刪除郵件。

如果使用的是 Gmail 帳號，預設無法直接刪除郵件，而是封存郵件。如果要刪除郵件，只要在 ✉ **郵件** 畫面點一下 **收件匣** 的 **編輯**，分別點一下要刪除郵件前方的 ○，呈現 ✅ 狀態，長按 **封存** 再點選 **刪除所選郵件** 即可刪除郵件。

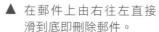

▲ 在郵件上由右往左直接滑到底即刪除郵件。

▲ 在 Gmail 中直接滑到底為封存郵件。

3D Touch 新增網頁標籤 / 顯示書籤 / 顯示閱讀列表

3D Touch 在網頁的應用，讓你不用開啟瀏覽器，就可以新增網頁或私密標籤、顯示書籤或閱讀列表，只要用力按下主畫面上的 ◢ Safari，於快速選單中即可點選這些功能。

進入 ◢ Safari 後，輕壓網頁某一個連結可預覽網頁內容，往上滑動開啟常用的 **以新標籤頁打開、加入閱讀列表、拷貝、分享** 清單。

▲ 用力按下主畫面上的 ◢ Safari。

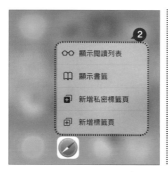

▲ 於快速選單中可點選需要的功能。

▲ 輕壓網頁上某個連結可可預覽網頁內容。

▲ 往上滑動開啟常用清單進行點選。

分享 Safari 網頁上的連結

在 ◢ Safari 瀏覽網頁時，遇到想要分享的連結，不需透過瀏覽器或其他 App 額外開啟並複製與貼上網址，只要在連結上長按，清單中點一下 **分享**，即可選擇分享的工具與對象。

Safari 私密瀏覽讓上網記錄不留痕跡

在 Safari 瀏覽網頁時，不想要留下記錄、帳號密碼...等隱私資訊，可以啟用 **私密瀏覽** 模式就不會在設備上留下任何記錄。

▲ 畫面右下角點一下 ⬚，再於畫面左下角點一下 **私密瀏覽**。

▲ **私密瀏覽** 反白呈現，表示已開啟此模式。可點一下 ➕ (新增標籤頁) 或 **完成**，開始在 **私密瀏覽** 模式下瀏覽上網。

▲ 進入 **私密瀏覽** 模式，會發現功能區呈現黑色狀態，要關閉此模式只要再點一下 ⬚ 與 **私密瀏覽** 即可。

將網頁轉存成 PDF 檔案格式

在 Safari 瀏覽網頁時，如果想要將重要網頁另存成 PDF 應用在其他方面，不用透過第三方 App，只要利用內建功能就能完成轉檔還有儲存的動作。

▲ 於畫面下方點一下 ⬆。

▲ 清單中點一下 **製作 PDF**。

▲ 點一下 **完成** 後，清單中點一下 **儲存檔案到**。

▲ 選擇要儲存在 iCloud Drive 或手機內，點一下 **加入** 即完成 PDF 建立。

自動於郵件或訊息中找到行程時間加入行事曆

📧 **郵件** 或 💬 **訊息** 收到的郵件或簡訊，內容如果有行程的相關日期 (下方會出現底線)，在日期上長按，清單中點一下 **製作行程**，即可切換到 🔟 **行事曆** 馬上手動新增 (或點一下 **顯示於行事曆** 切換到 🔟 **行事曆**，再點一下右上角 ➕ 一樣可以新增行程)。

自動於郵件或訊息中找到行程位置加入行事曆

10 **行事曆** 會根據過去的
行程資料或經常建立的地
點,在建立的行程中提供
位置建議 功能,藉由 **加入**
動作,省去輸入的麻煩,
在已建立的行程中直接標
示相關地址資訊與地圖。

10 **行事曆** 的 **位置建議** 功能,預設為開啟狀態,如果
在 10 **行事曆** 中沒有顯示建議內容,可以於 ⚙ 設定 \
行事曆 查看一下 **位置建議** 是否開啟了。

用名稱與顏色分類行事曆

10 **行事曆** 不僅可以安排事件、邀請朋友,還可以新增提醒,並透過不同顏色標示出 "家庭"、"工作"...等性質,讓
活動事項在安排上更有條理。進入 10 **行事曆**,點一下畫面最下方的 **行事曆**,分別在不同行事曆上點一下,顯
示或隱藏該行事曆;也可以點一下右上角 **顯示(隱藏)全部** 一次顯示或隱藏全部行事曆。

以 iCloud 帳號的項目來說,要編輯分類可以點一下行事曆項目右側 ⓘ,即可針對原有行事曆分類進行名稱修

改及顏色標示;如果要新
增其他分類,則是點一下
左下角 **加入行事曆**,輸入
分類名稱及設定代表顏色
後,最後點一下 **完成**。

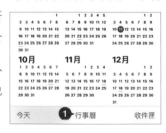

同步 Google 帳號的行事曆

平常習慣使用 Gmail 帳號,一定也希望在 iOS 設備上同步自己的 Google 行事曆,方便管理規劃。

在 iPhone / iPad 已加入 Google 帳號的前提下 (⚙ **設定** \ **帳號與密碼** \ **加入帳號**),首先點一下 ⚙ **設定** \ **帳號與**

密碼,然後點一下要同步
行事曆的 Google 帳號,
確認 **行事曆** 項目為開啟狀
態,呈 ⚪ 狀,即代表設
備目前已經與此帳號的行
事曆同步。

查看行事曆的所有事件清單

想要檢視所有已建立的事件清單，只要於 ⑩ **行事曆** 的 **月** 模式點一下某個日期切換到 **週** 模式，然後點一下 ≣，呈 ≣，就可以看到所有事件列表，再點一下 ≣ 就可回到 **週** 模式。

行事曆中加入農曆或各國曆制

行事曆中預設農曆是呈現開啟狀態，如果比較少用到農曆可以取消或是另外加入其他曆制。首先點一下 ⑥ **設定 \ 行事曆 \ 其他曆法**，於清單中呈 ✓ 為目前已加入的曆法，也可點選其他曆法項目。一次只能選擇呈現一個曆法，若都不想呈現可點選 **關閉**。

特定類型行事曆事件自動加上提示時間

設定行事曆事件預設的提示時間，就不用每次新增事件時都要重複設定，首先點一下 ⑥ **設定 \ 行事曆 \ 預設提示時間**，再點選要設定的事件種類，接著點選要設定的提示時間，這樣在 ⑩ **行事曆** 每次新增該類型事件時就會自動設定提示時間。

設定提示鈴聲不錯過重要的行事曆

⑩ **行事曆** 中可以指定事前提醒的時間為 5 分鐘前、1 小時前或 1 天前...等，讓重要事件不再錯失。

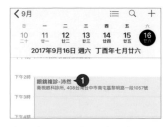

▲ 點一下要加入事前提醒的事件。　　▲ 點一下 **提示**。　　▲ 點選要於多久前提醒，這樣即完成設定。

預估交通狀況和路程時間的提示訊息

在 🔟 **行事曆** 中,當新增或編輯行程時建立了位置資訊且設定 **開始**、**結束** 時間 (非整日) 時,會於畫面下方看到 **第二次提示**,預設已點選 **出發時間**。

當設定了 **出發時間**,🔟 **行事曆** 即會在開始時間點之前,透過 Apple 地圖查詢到位置、目前交通狀況及預估需要花費的車程!

調整行事曆提示鈴聲及震動模式

如果覺得 🔟 **行事曆** 的提示鈴聲太小聲,或想要變更聲音時,可以點一下 ⚙ **設定 \ 聲音與觸覺回饋**,進入清單後拖曳 **鈴聲和提示聲** 滑桿可調整提示聲音量。接著點一下 **行事曆提示**,再點一下 **震動模式** 可點選合適震動,或於 **提示聲** 下方的清單中點選想要的提示鈴聲。

建立週期性行事曆事項

生活中有某些事情總是於固定時間重複發生,例如繳交卡費、水電費...等。

🔟 **行事曆** 可直接將事件指定為重複性的事件,快速依指定週期性時間點建立所有事件。

▲ 點一下要指定為週期性的事件。

▲ 點一下 **編輯**,於 **編輯行程** 畫面再點一下 **重複**。

▲ 點選事件重複的週期,如果此事件週期有到期時間,可以在 **結束重複** 設定,最後點選 **完成**。

提示鈴聲及鎖定畫面訊息同時通知

▢ **提醒事項** 的通知訊息不僅可以出現在鎖定畫面中,還能同時搭配鈴聲提示。點一下 ⚙ **設定 \ 通知 \ 提醒事項**,如果點選 **聲音** 可以變更通知提示的鈴聲;如果開啟 **顯示於鎖定畫面**,右側圖示呈 ⚪ 狀,這樣就是設定在未解鎖時也可以看到提醒的事項。

設定提示鈴聲不錯過重要的提醒事項

提醒事項 可以依指定日期、時間通知，讓你不會忘記重要的待辦事項。

在要指定提醒日期與時間的事項上由右往左滑動，點一下 **更多**，開啟 **在指定的時間提醒我**，右側圖示呈 狀，接著點一下 **鬧鐘** 設定提醒的日期與時間。如果是週期性的事項，可以點一下 **重複** 設定週期，最後點一下 **完成**。

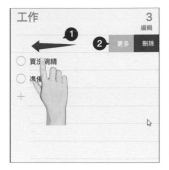

利用大頭針將重要備忘錄置頂顯示

iOS 11 的 備忘錄，透過新增加的 "大頭針"，可以將重要的備忘錄資料釘選起來，並上移到所有備忘錄的最頂端，讓你馬上找到。

在要標示的備忘錄上由左往右滑動，點一下 ，於頂端出現 **已釘選** 區域，該則備忘錄隨即移動至此。如果想要解除釘選狀態，只要在該則備忘錄上由左往右滑動，點一下 即可。

備忘錄也可以插入表格了

備忘錄 除了可以輸入文字、插入照片或影片、手繪記錄外，在這次 iOS 11 中，另外新增插入表格功能。在備忘錄出現輸入線的狀態下，於下方工具列點選 ，預設會插入一個二欄二列的表格。將輸入線移至儲存格內，可進行輸入；如果點一下該列左側 或該欄上方 ，則是可以 **加入橫列** (或 **刪除橫列**)、**刪除橫列** (或**加入直欄**)，進行新增或刪除欄列的動作。

另外，在儲存格呈現輸入狀態時，於下方工具列點選 ，則是可以透過清單中的 **拷貝表格**、**分享表格**、**轉換為文字** 與 **刪除表格** 功能，編輯整個表格。

備忘錄內建文件掃描器

iOS 11 的 備忘錄 中，最令人關注的就是 **掃描文件** 新功能。不用被掃描器的大小及位置限制，只要利用行動裝置的相機鏡頭，就可以讓你隨時隨地掃描手邊的文件、菜單、發票、名片...等。

準備好欲掃描的文件，在編輯備忘錄的狀態下，於下方工具列點選 ⊕，清單中點一下 **掃描文件**，隨即開啟內建 相機 進行掃描。除了可以透過行動裝置的移動，偵測出文件範圍 (顯示黃色矩塊) 自動拍攝；也可以在確定掃描範圍後 (不一定要出現黃色矩塊)，點一下 拍攝文件。

接著可以利用四個角落的圓圈調整正確的掃描範圍 (自動偵測出的範圍就不需調整)，完成後點一下 **保留掃描檔** (若不滿意則點一下 **重新拍攝**)，此時會於畫面左下角顯示已掃描好的文件，如果有多張需要掃描的文件時，可持續掃描 (上方會顯示 **可掃描下一個檔案** 提示文字)，過程中你可以透過右下角看到目前掃描的張數，最後點一下 **儲存**，即完成掃描並插入備忘錄中。

點一下備忘錄中 **掃描的文件** 直接開啟，針對文件掃描的編輯畫面，下方工具列提供了 + **新增掃描**、裁剪、 **色彩模式**、 **旋轉** 及 **刪除編修** 五項工具，另外點一下右上角 ，還可以執行郵件傳送、分享到其他 App 及拷貝、列印、標示...等動作。

▲ ：利用四個角落的圓圈，調整裁切範圍。

▲ ：有 **彩色**、**灰階**、**黑白** 及 **照片** 四款模式套用。

▲ ：點一下即往右旋轉 90 度。

▲ ：分享及拷貝、列印、標示 ... 等操作。

備忘錄記事以照片或影片說明更清楚

備忘錄 介面簡單，讓隨手記事變得輕鬆容易，不管是突然想到的靈感、料理食譜、購物清單或是路上看到的有趣景象、有意義的文章...等，都可以隨手拍下整理。

▲ 新增備忘錄後，於下方工具列點選 ⊕。

▲ 清單中選擇要加入圖庫裡的照片或直接拍照錄影，在此點選 **照片圖庫**，挑選合適的照片。

▲ 挑選好照片後，點一下 **完成**。

▲ 在備忘錄裡就可以看到要記錄的照片了。

備忘錄化身實用檢查表勾選完成事項

備忘錄 的清單項目符號，讓你可以輕鬆列出清單內容，並一一比對是否完成！點一下 ⊘ 就可以加上清單項目，接著只要輸入項目文字，再點一下鍵盤上的 **換行** (return) 會自動產生第二行清單項目，清單項目建立好後，點一下 **完成**。日後使用此清單時，只要點一下項目前的 ○ 會變成 ●。

將網頁及地圖資料都記錄到備忘錄或提醒事項

在網頁或是地圖看到想要馬上記錄下來的資訊，可以直接加上註解並以附件的方式存到 ⠿ **提醒事項** 或 ⬜ **備忘錄** 中。在此以網頁示範，先於 Safari 開啟要記錄的網頁：

▲ 在 Safari 畫面下方點一下 ⬆，點選 **提醒事項** 或 **加入到「備忘錄」**。(在此示範加到備忘錄)

▲ 點一下 **將文字加入備忘錄**，輸入相關訊息，再點一下 **新增備忘錄** 選擇備忘錄，最後點一下 **儲存**。

▲ 進入 ⬜ **備忘錄** 就可以看到儲存的網頁連結與相關訊息了。

▲ 在 🗺 **地圖** 中找到要儲存的位址後，下方地圖資訊點一下 ⬆，依相同步驟就可以儲存位址。

利用密碼幫備忘錄上鎖

🔲 **備忘錄** 就像一本隨身的筆記本，不管心情日記、生活收支或帳號密碼...等記錄都可能輸入，這些屬於個人的私密事情，如果不想被人看到，可以透過密碼或 Touch ID 鎖定備忘錄，以下提供二種設定方式：

在備忘錄建立密碼

方法一：進入 🔲 **備忘錄** 開啟想要上鎖的備忘錄資料，點一下右上角 🔼，清單中點一下 **鎖定備忘錄**，完成密碼的設定後點一下 **完成**，返回該則備忘錄內容畫面，最後點一下 🔒 即完成備忘錄鎖定。

在設定建立備忘錄密碼

方法二：點一下 ⚙️ **設定 \ 備忘錄 \ 密碼**，畫面中設定 **密碼**、**驗證** 與 **提示**，然後點一下 **完成** 即完成備忘錄的密碼建立。

接著進入 🔲 **備忘錄** 開啟想要上鎖的備忘錄資料，點一下右上角 🔼，清單中點一下 **鎖定備忘錄**，輸入鎖定密碼後點一下 **好**，返回該則備忘錄內容畫面，最後點一下 🔓 即完成備忘錄鎖定。

輸入密碼或 Touch ID 幫備忘錄解鎖

利用輸入密碼的方式為備忘錄解鎖：

在 備忘錄 列表中，會發現上鎖的備忘錄前方有一個 圖示，點一下想要解除鎖定的備忘錄，開啟該則備忘錄，點一下 **檢視備忘錄**，輸入密碼後點一下 **好**，就可以看到詳細內容了。

另外則是透過 Touch ID 為備忘錄解鎖。先於 設定 \ **Touch ID 與密碼** 啟用 Touch ID，接著點一下 設定 \ **備忘錄** \ **密碼**，確認已開啟 **使用 Touch ID**，若現在才要開啟 **使用 Touch ID** 會要求輸入之前設定好的備忘錄鎖定密碼，然後點一下 **好**。

在 備忘錄 中開啟想要解除鎖定的備忘錄，點一下 **檢視備忘錄**，將手指放在 **主畫面按鈕** 上便可立即解鎖。(也可點一下 **輸入密碼** 透過輸入密碼完成解鎖)

 變更或重置備忘錄密碼

備忘錄密碼如果想要定期更新，可以點一下 設定 \ **備忘錄** \ **密碼**，畫面中點一下 **更改密碼**，然後輸入 **舊密碼**、**新密碼**、**驗證** 與 **提示** 後，點一下 **完成**。

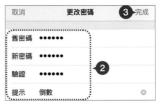

除了變更密碼的動作外，如果備忘錄的密碼忘記了，只要點一下 設定 \ **備忘錄** \ **密碼**，畫面中點一下 **重置密碼**，這時輸入 Apple ID 密碼，點一下 **好**，再點一下 **重置密碼**，即可為備忘錄重新設定鎖定密碼。

 移除備忘錄的鎖定狀態

備忘錄如果不想再設定密碼了，只要在解鎖狀態下，點一下右上角 ，清單中點一下 **移除鎖定** 即可刪除密碼設定。

透過訊息、郵件及社群平台分享備忘錄事項

備忘錄可以透過多種方式分享。進入 ▢ **備忘錄** 中任一事項畫面，點一下畫面右上角 ⬆️，於清單中由左往右滑動可以選擇更多分享平台，點選分享的方式後，輸入相關資訊即可傳送出去。(若你的分享平台未出現 Facebook、Message...等平台，表示你尚未在設備中安裝與啟用這些 App)

和他人共同檢視與編輯備忘錄

▢ **備忘錄** 可以透過共享動作，與好友、同事一同檢視與編輯購物清單、會議記錄...等。

進入 ▢ **備忘錄** 中任一事項畫面，點一下畫面右上角 👤➕，畫面中點選邀請方式，加入成員並傳送，返回該則備忘錄內容，會看到右上角已更新為 👤，代表此備忘錄已與指定人員完成共同檢視與共同編輯的動作。(若不是透過 iMessage 或 Airdrop 分享，就會傳送 iCloud 連結，這時需要有 iCloud 帳號才能協同作業。)

透過邀請持續增加備忘錄的共享成員

在 ▢ **備忘錄** 列表中，完成共享的事項會於前方出現 👤。如果之後想要再另外新增共享人員時，可以進入 ▢ **備忘錄** 中任一已建立共享的事項畫面，點一下畫面右上角 👤，畫面中點一下 **加入成員**，就可以再次進入邀請畫面新增其他共享人員。

移除權限停止共享備忘錄

共享的 ▢ **備忘錄**，可以進行單一人員的權限移除，或是直接停止所有人員的共享動作。進入 ▢ **備忘錄** 中任一已建立共享的事項畫面，點一下畫面右上角 👤：

◀ 點選要移除共享權限的人員，點一下 **移除權限**，再點一下 **好** 即停止與這個人的共享動作。

◀ 要移除這份備忘錄的共享，只要點一下 **停止共享**，再點一下 **好**，曾經共享的人員之後便無法使用，而且該則備忘錄也會從他們的裝置中移除。

支援機場或商場 3D 室內地圖

在 iOS 11 中， **地圖** 逐漸將導航功能延伸到國際機場及購物中心的室內環境了！"室內導航" 這個新功能，目前僅適用於國外部分地點如：費城國際機場、聖何塞國際機場以及聖何塞 Westfield Valley Fair 購物中心和舊金山 Westfield San Francisco Centre 購物中心...等，讓你在行動裝置上就能全覽機場或購物中心內部平面圖。

若要開啟 3D 室內地圖，點一下地圖左上角 ⓘ，於 **地圖設定** 點一下 **衛星** 後關閉，接著點一下左上角 **3D** 即可轉為 3D 模式，再點一下 ⓘ \ **地圖** 即可看到 3D 室內地圖。

▲ 以機場為例，點一下 **室內導覽**，或利用手指縮放方式，放大顯示範圍，藉此查看各樓層佈置。

▲ 藉由樓層點選方式，可以直接瀏覽單一樓層如：安檢區、登機門、廁所 ... 等位置。

▲ 如果點一下某一特定位置，還會滑出相關路線或其他資訊。

 ## 重新設計地圖 Flyover，增加 AR 擴增實境

新增的 ARKit 技術可應用在 **地圖** 的 **Flyover** 功能，只要該景點支援此服務 (目前僅限於各國某些知名景點)，點一下 **Flyover** 啟用後，就可以透過 ARKit 技術的方式環顧周圍環境，行走時可翻轉或移動行動裝置，利用自身視角瀏覽景點，畫面中除了顯示地點名稱，還可利用手指滑動或縮放方式，查看該位置更多細節。

(目前 iPhone 6s 以下機種無法使用此項功能)

▲ 點一下 **開始導覽**，即會以影片播放的方式，進行全面性的景點瀏覽，過程中可以點一下 **暫停導覽** 或 ✕ 取消導覽。

 ## 地圖支援速限提醒與車道變換提示

地圖，除了提供車道資訊，讓你隨時掌握行車方向不會走錯路；也開始加入速限標示，提升行車安全也能少吃點罰單。

地圖加入台灣火車、捷運、公車 ... 大眾運輸資訊

地圖 正式支援台灣的大眾運輸資訊與路線規劃！不用透過第三方 App，就可以輕鬆查詢到火車、高鐵、客運、捷運的預估時間、班次、停靠站...等搭乘資訊，是規劃旅遊行程的好幫手。

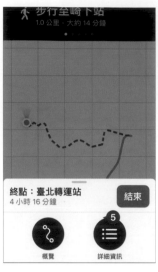

▲ 輸入想要到達的目的地，點一下 **路線**，點一下 **大眾運輸**，依據你目前所在地 (也可以直接輸入 **起點**)，提供數個路線規劃 (由畫面下方往上滑動或點一下 **更多路線** 可以看到更多)，每個路線均會顯示預估時間與大眾運輸圖示，於其中路線先點一下，縮至畫面下方再點一下。

▲ 這時可以看到更完整的路線規劃，點一下運輸工具圖示右側的 **詳細資訊**、站數 ... 等，可以展開看查步行距離、班次及時間、捷運轉乘 ... 等細節資訊，最後點一下 **完成** 離開後，點一下 **開始** 即可開始導航。

此外在 地圖 上，還可以直接看到各種大眾運輸工具圖示，只要點一下地圖上的圖示，就可以顯示該路線相關的車種、車次、出發時間...等訊息 (由畫面下方往上滑動可以看到更多資訊)，讓你在搭車或轉車的過程更順暢。

單指縮放地圖

遇到單手操作 地圖 時，二根手指縮放地圖大小的動作不是很容易，在 iOS 11 中，只要先在地圖上連續點二下，且在點第二下時手指頭不離開螢幕狀態下，往上或往下滑動就可放大或縮小地圖範圍。

連續點二下，且在點第二下時，手指頭不離開地圖狀態 ▶ 下，上下拖曳即可縮放。

6

優化
行動影音娛樂

音樂、電影不用受限於時間與地點，
藉由 Apple Music 或 AirPlay、Apple TV 的影音串連，讓你不但可以盡情聆聽與發掘，
還能跟好朋友分享，一起享受樂趣滿載的影音娛樂。

睡前聽歌，可設定停播時間

小編睡前有聽音樂助眠的習慣，只是常聽聽就睡著了，音樂整晚播到隔天，讓 iPhone / iPad 電力大失。

其實 ⏰ **時鐘** 內的 **計時器** 功能，有一項設定音樂播放時間的服務，首先調整音樂播放的時間長度，然後點一下 **當計時結束**，在清單中點選 **停止播放音樂**，再點一下 **設定** 返回到上一個畫面，最後點一下 **開始** 開始倒數計時。這樣就可以安心播放音樂，倒頭睡到天亮囉！

在 iTunes Store 上購買音樂專輯、單曲或鈴聲

許多使用者大概也和小編一樣常常在 ⭐ iTunes Store 裡購買自己喜愛的專輯、單曲或鈴聲，目前在 ⭐ iTunes Store 賣的單曲一首大約是 NT$ 20-30 元，讓你不用出門就可以買到喜愛的音樂。

▲ 在 iPhone / iPad 點一下 ⭐ iTunes Store 開啟畫面，先於下方點一下 **搜尋**。

▲ 於上方搜尋列輸入你要找的歌手或歌曲名稱，或是直接點一下熱門搜尋所列出的關鍵字。

▲ 接著會列出相關的歌曲，點一下歌曲名稱可進入專輯頁面。

▲ 點一下歌曲名稱即可試聽內容，再點一下即停止播放。

▲ 於想購買的單曲上點一下價格，再點一下 **購買**。

▲ 輸入 Apple ID 的密碼後，點一下 **登入** 就會開始下載並儲存於設備當中。

在 ⭐ iTunes Store 裡除了可以購買專輯外，也可針對專輯中的某些單曲進行購買，除了有些專輯限制只能整張購買外，大部分專輯都是可以拆賣的，這樣就很容易收藏專屬於自己的音樂專輯了。

播放音樂

要在 iPhone / iPad 上聽音樂，只要點選 🎵 **音樂** 開啟畫面即可播放，你可以依 **演出者** 或是 **專輯**...等分類方式瀏覽歌曲，或是選擇 **歌曲** 將所有歌曲列出來，再選擇全部重複或隨機播放的方式享受音樂。

▲ 在下方點一下 **資料庫**，再於中間點一下 **歌曲**，開起清單。

▲ 點選想聽的歌曲名稱就會直接播放。

▲ 播放列預設會縮小至畫面下方，將播放列往上滑動即可展開，控制播放方式。

新增喜愛的歌曲播放列表

相信喜愛音樂的人一定都有個習慣，不管收藏的音樂再多，等全部歌曲都聽完時，大概就知道哪幾首歌曲是心目中的精選，利用播放列表把這些歌曲收集在一起，以後只要點選該列表就可以只聆聽喜歡的歌了，於 iPhone / iPad 點一下 🎵 **音樂 \ 播放列表**，進入設定畫面。

▲ 點一下 **新增播放列表 ...**，輸入播放列表的名稱，再點一下 **加入音樂**。

▲ 於音樂資料庫中再點一下 **歌曲**。

▲ 於要加入的歌曲上點一下即可加入播放列表，加入後，點一下 **完成**，再點一下 **完成**。

▲ 完成後在該播放列表清單中就可看到加入的播放項目，點一下即可收聽加入的曲目。

體驗與試用 Apple Music 音樂服務

Apple Music 音樂串流服務，加入會員後，不僅擁有完整的線上音樂資料庫，享有下載與離線播放的服務，還可以依你常聽的音樂風格，為你細選音樂清單與推薦音樂，還有每天 24 小時在全球超過 100 個國家直播音樂頻道的 Beat 1 電台，以及與音樂人進行互動的 Connect 平台，讓你隨時追蹤喜愛歌手或作曲人的最新近況。

加入 Apple Music

目前全球 100 多個國家和地區都已陸續開放 Apple Music 的使用，台灣 Apple Music 也於 2016 年正式推出，還有 3 個月的免費試用，目前全新 Apple TV 及 Android 版本也都能搶先體驗 Apple Music 的服務。首先於桌面點選 ⚙ 設定 \ 音樂 進入畫面，點一下 加入 Apple Music。

取得 3 個月免費試聽

Apple Music 提供 3 個月免費試用，3 個月試用期過後，就會依你選擇的方案進行收費。收費方案分為 **個人** 與 **家庭** 方案，個人為每月 NT$ 150 元，家庭 6 人共享價為每月 NT$ 240 元。

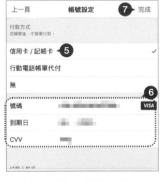

▲ 進入 Apple Music 歡迎畫面，點一下 立即試聽。

▲ 選擇試用結束後的續約方案後點一下 開始試聽。

▲ 接著設定信用卡付款資訊，點一下 繼續。

▲ 設定信用卡類型、輸入卡號、安全碼與到期日，點一下 完成。

點選 **好** 閱讀條款和條件，點選 **同意**，再點一下 **同意**，最後點一下 **加入**，3 個月試用期結束後，將會依選擇的方案進行扣款。最後回到主畫面按 **開始試聽** 開始使用。

進入 Apple Music

完成試用 3 個月相關設定後，於啟用首頁中會看到許
多紅色的泡泡，每個泡泡代表一種音樂類型，點一下
泡泡，泡泡會變大一些，表示你喜歡這個音樂類型；
如果點二下，泡泡再大一些，則表示此音樂類型是你
的最愛；若在泡泡上長按，則會刪除不喜歡的音樂類
型，完成喜愛的音樂類型點選後，點一下 **下一步**。
(點一下 **重置**，會回復泡泡原始提供的項目)

接著選擇你喜歡的藝人，也可點一下 **更多藝人**，尋找
其他藝人；若在藝人泡泡上長按，一樣會刪除藝人名
字。選擇完畢，點一下 **完成**。之後當我們點選 **為您推
薦**，Apple Music 會依你喜愛的音樂與藝人類型提供相
關音樂給你。

試用後取消訂閱與信用卡自動扣款

加入 Apple Music 時，提供了 3 個月的免費試用，讓使用者可以完整體驗。只是當試用期過後，Apple 會依照
你先前選擇的方案自動幫你續約。如果試用 3 個月後不想繼續使用，卻因為忘記取消訂閱，而過了試用期導致
信用卡被自動扣款，該如何處理呢？

小編建議可以先取消自動續費的步驟，之後再考慮要不要手動續用這項服務。你一定會想問：取消自動續
費，這樣 3 個月試用期不就失效了？別擔心，小編測試過了，即使你取消自動續費的功能，3 個月的試用期
依然有效！

於 🎵 **音樂** 畫面點選 **為你推薦** 右上角帳戶資訊，再
點選 **檢視 Apple ID** 輸入 Apple ID 帳號與密碼。

按 **訂閱項目** 項目,進入後再點選 **取消試用**,再確認取消訊息點選 **確認**,最後點選左上角 **返回**,再於右上角點一下 **完成** 即可。

續訂與付款

如果你 3 個月免費試用後,確定想要自動續費,或者取消訂閱後想要再訂閱,可依下述步驟進行操作:

取消訂閱後再恢復訂閱

若是你取消訂閱了,發現之後想要再續用 Apple Music,這時可於 🎵 **音樂** 畫面點選 **為您推薦** 右上角帳戶資訊,再點選 **檢視 Apple ID** 輸入 Apple ID 帳號與密碼後,點選 **訂閱項目** 項目中進入畫面,即可點選想要的訂閱方案,而在下方會看到若重新訂閱,新的訂閱會從什麼時間點開始。

檢視或變更訂閱內容

於 3 個月試用期滿後,沒有取消訂閱的動作,從第四個月開始,Apple Music 會根據先前訂閱的方案進行續訂與扣款。

在 🎵 **音樂** 畫面點選 **為您推薦** 右上角帳戶資訊,再點選 **檢視 Apple ID** 輸入 Apple ID 帳號與密碼後,點選 **訂閱項目** 項目中進入畫面,可進行檢視或變更訂閱內容,上方會顯示免費試用到期日期以及目前選擇的方案,而續訂的日期與費用,則是從試用到期日後開始計算;若你想與家人共享 Apple Music 的服務時,也可以選擇 **家庭** 方案,最多有 6 位家人可以使用這項服務。

依照喜好推薦適合的播放清單

於 🎵 **音樂** 畫面下方點選 **為您推薦**，會看到專家根據使用者所聽的歌曲類型，所精心分析與挑選的音樂和播放列表，除了可以看到專輯封面圖，在每週五還會選出約 25 首歌曲組成一個播放清單。在此可以看到許多最新的歌手與音樂專輯的推薦，還有每日推薦歌單，近期播放以及矚目藝人歌單...等，隨著平時使用頻率與習慣，推薦的內容也會更加貼近個人喜好以及多元化。

透過手指滑動拖曳，點一下想聽的歌單即可進入，再點選想要聽的歌曲名稱，就會直接播放。

當你開啟推薦播放歌單時，會發現有些歌曲名稱是以灰色字顯示，這是因為版權的問題，導致這些歌曲無法播放，所以當在播放歌單時，這些灰色顯示的歌曲會直接跳過不播放。若是在灰色顯示的歌曲名稱點一下，會出現無法播放的訊息，可點選 **好** 離開。

Connect 追蹤藝人動態

在 🎵 **音樂** 畫面下方點選 **為您推薦**，透過手指往上滑動，會發現 **Connect 貼文** 服務已移至頁面最下方。此服務中可以追蹤自己喜愛的藝人、音樂人，並且可隨時看見他們的最新動態、作品、照片...等訊息，透過點選 **讚**、**評論** 或 **分享**，即時分享你的感受。

於 **Connect 貼文** 右側點選 **正在追蹤**，可瀏覽正在追蹤的藝人名單。若想要追蹤更多藝人，可以點選 **尋找更多藝人與音樂嚮導**，於藝人名稱右側點選 🔘 進行追蹤即可。(點選 🔘 則取消追蹤)

瀏覽精選音樂

在 ♫ **音樂** 畫面下方點選 **瀏覽**，此服務取代了舊版的 **最新精選**，只要透過手指滑動拖曳，可以看到最新的音樂、新專輯、影片、熱門 MV、收看直播、時下熱門精選歌單、歌曲排行榜...等，還可以享受不同的分類方式所建立的精選歌單，例如：藍調、古典搖滾、爵士樂...等音樂。

全球廣播 24 小時線上收聽

在 ♫ **音樂** 畫面下方點選 **廣播**，Beats 1 全球收聽廣播，24 小時全年無休超過 100 個國家廣播，不論你身在何處隨時都可收聽，也可以收聽 Apple Music 的精選電台。

▲ 於 ♫ **音樂** 畫面中點選下方 **廣播** 開啟畫面，點選 **廣播**。

▲ 使用手指滑動拖曳，瀏覽廣播電台，點選其中一個電台，就會展開並開始播放電台內容，將播放列往下滑動時則會縮小至畫面下方。

搜尋喜愛的藝人或音樂

若是找不到藝人或喜愛的音樂，可以透過 **搜尋** 功能進行找尋。在 ♫ **音樂** 畫面下方點選 **搜尋**，於搜尋欄位輸入關鍵字，再點選 **Apple Music**，下方會列出搜尋結果，點選其中結果，則是列出藝人相關專輯、歌曲、熱門影片、電台...等資訊。

顯示歌詞

Apple Music 在聽歌時透過歌詞的顯示，讓你可以邊聽歌邊 K 歌囉！(經過小編實測，因為蘋果的歌詞服務目前尚未全面支援各國語言，所以目前某些中文、日韓歌曲並無法顯示歌詞。)

於 🎵 **音樂** 畫面下方點選 **為您推薦**，透過手指滑動拖曳，點一下進入感興趣的歌單，再點選想要聽的歌曲名稱即可直接播放，而播放列預設會縮小至畫面下方。將播放列往上滑動可以展開，往上再滑動一些，則會顯示 **歌詞** 選項，點選 **顯示** 即可看到該首歌曲的相關歌詞。(點選 **隱藏** 即可將歌詞項目隱藏)

離線聽歌，將音樂加入到個人資料庫中

Apple Music 必須透過 Wi-Fi 網路連線才能收聽，若是出門需要使用行動數據上網收聽，建議是使用 3G 或 4G 網路吃到飽的服務，因為此音樂串流服務非常吃流量，也需要在穩定的連線狀態，才不會影響到聆聽品質。如果你的行動數據不是吃到飽的服務，建議先將推薦音樂、歌曲、專輯或播放列表、廣播...等音樂內容，加入到你的 iPhone、iPad、iPod touch、Mac 或 PC 上的個人音樂資料庫，就可以在沒有網路連線時聆聽。

若要將 Apple Music 中的歌曲、專輯和播放列表加入個人音樂資料庫，首先要開啟 **iCloud 音樂資料庫** 功能，**iCloud 音樂資料庫** 可存放多達 100,000 首歌曲，可在你所有的裝置上播放。點選 📱 **設定 \ 音樂** 進入畫面，開啟 **iCloud 音樂資料庫**，點選 **保留音樂**，可將 iPhone 中的音樂與 iCloud 音樂資料庫進行合併，完成開啟。

在 🎵 **音樂** 畫面下方點選 **為您推薦**，透過手指滑動拖曳瀏覽，點選任一個欲加入音樂資料庫的歌單進入畫面，然後點選 **加入** (如果只要加入單曲，可以在歌曲名稱右側點選 ⊞)。

在出現 **已加入資料庫** 後即自動開始進行下載，等下載完畢，於畫面會看到 **已下載**，表示 Apple Music 中的音樂已加入到個人音樂資料庫了。

當音樂下載至音樂資料庫，在離線狀態下也可以收聽音樂。在 🎵 **音樂** 畫面下方點選 **資料庫**，點一下 **已下載的音樂** 切換到相關畫面，**最近加入** 項目中即可看到先前已下載的音樂、播放列表、專輯...等，只要點選其中一個類別的封面進入，即可在離線狀態下點選想聽的歌曲。

一鍵優化可用的儲存空間！

手機上的音樂常常會佔去許多的儲存空間，要手動刪除也是一件相當麻煩的事情。iOS 內建了 **最佳化儲存空間** 功能，可以自動偵測手機儲存容量還剩多少，如果容量不夠用時，會自動幫你移除 Apple Music 許久沒有聽的音樂，清出儲存空間，此外還可以設定音樂下載的最小儲存空間。

於桌面點選 ◎ 設定 \ 音樂 進入畫面，確認 **iCloud 音樂庫** 為開啟狀態，呈 ◯ 狀，開啟 **最佳化儲存空間** 功能，右側圖示呈 ◯ 狀，下方可設定最小儲存空間。

將音樂變大聲

聲音調到最大了，為什麼音樂聽起來還是很小聲呢？試試以下方法，讓你的 iPhone 放音樂時，可以再大聲些！

隨機播放一首音樂，接著點一下 ◎ 設定 \ 音樂 \ **等化器**，畫面中點選 **深夜**，聽聽看，音樂播放的過程中，聲音真的變大聲呢！

等化器 主要是調整音訊輸出的頻率，藉此加強高音或低音的效果，讓音樂表現更豐富；如果想讓不同音樂類型的歌曲 (搖滾、爵士...) 在播放過程中的切換更為流暢，避免音量的差異性時，則是可以考慮開啟 **音量平衡**，以保持聲音的穩定度。

手機卡在耳機模式，喇叭無法播放音樂

當手機沒插耳機，卻一直卡在 "耳機模式"，只有鬧鐘和電話鈴聲正常，播放音樂、提示聲或者按鍵聲卻沒聲音。若是耳機孔 (iPhone7 以後為 Lightning 孔) 受潮可以等它自然乾、使用棉花棒插進耳機孔裡清一清，或者是放在防潮箱試試看。

如果以上方法都無效的話，在送修之前，不妨試試下面提供的方法退出 "耳機模式"：像是重開機、插著耳機重開機、把耳機插進去再拔出來、關閉藍牙確認沒有連接 AirPlay 喇叭、檢查 ◎ 設定 \ 一般 \ 輔助使用，**來電語音傳送** 功能是否設定為 **自動**...等。若以上方法試過還是無法改善，建議就要拿手機送修囉！

與朋友分享音樂

加入了 Apple Music 之後，除了享受自己喜歡的音樂，也可以與朋友一起分享正在聆聽的歌曲、專輯或是自製的播放列表，也能追蹤使用 Apple Music 的同好，設定的步驟如下：

▲ 在 🎵 **音樂** 畫面下方點選 **為您推薦**，再按右上角的帳號圖示。

▲ 在帳號畫面中點一下 **開始與朋友分享**。

▲ 點一下 **立即開始** 開始設定朋友分享。

▲ 設定名稱與使用者名稱，加上照片方便朋友辨識。最後點一下 **下一步**。

  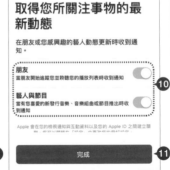 

▲ 選擇可以追蹤人員身份後點一下 **下一步**，系統會尋找聯絡人中電子郵件為 Apple ID 的人，若對方沒有使用 Apple Music 服務會顯示 **邀請** (若有則為 **追蹤**)，最後點一下 **下一步**，選擇你要取得關注事物最新動態的通知後，點一下 **完成**。

▲ 如此即完成設定，在畫面中會顯示個人資訊與分享音樂的資料。

設定完朋友分享後，Apple Music 中的個人帳號上可以看到你正在聆聽的音樂、專輯、播放列表或廣播。一旦有朋友追蹤你的帳號就能看到這些資訊，也可以直接透過 AirDrop、簡訊等方式與朋友分享。

▲ 在播放列表的播放畫面中按右上角的 ...，再按 **分享播放列表**。

▲ 這裡選擇在 AirDrop 中要分享的成員圖示，傳送成功後會顯示 **已傳送**。

▲ 在分享成員的畫面上會顯示對話方塊，按 **檢視** 進行接收。

▲ 在接收後該成員的 Apple Music 會開啟分享的播放列表。

在 iTunes Store 租借或購買電影

除了可以在 iTunes Store 購買音樂專輯外，還可以購買影片或線上租片。租了影片並於付費後 30 天以內都可以觀看，但在影片開始播放後，則必須在 48 小時內觀看完畢（期間可以無限次觀看），如果遇到想珍藏的影片則可以選擇直接購買。

▲ 在 iPhone / iPad 中點一下 ★ iTunes Store，先點選下方 電影，接著在感興趣的精選分類中，點選最近上架的電影海報縮圖，畫面中上下滑動可以瀏覽該影片的簡介與購買或租借的價格，你還可以點選預告片先觀看一下內容。

▲ 確認是自己想看的影片後，可以先用租借的方式下載。先點一下租借價格鈕，如果影片有分 HD 與 SD 時，價格上會有不同，接著按 租借 後就完成租借的動作了。

▲ 點一下 下載，影片就會開始下載了。

▲ 完成下載後按播放鈕即可觀看電影。

 ## 播放影片

點選 ▶ 影片 再點一下 租借項目 可看到剛租借的影片，點選進入詳細頁面按播放鈕即可觀看電影，播放前會告知開始計時，租借的影片在首次觀看後 2 天就會到期。

 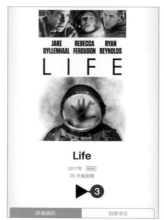 

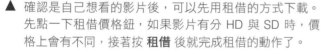

Apple TV 可以做什麼？

Apple TV 可以連接電視或投影機透過網路將內容呈現播放，還可統合 Apple 旗下所有產品的串連，接下來先將 Apple TV 與電視透過連接線連接並進行設定。

▲ 第一次將 Apple TV 與電視連接後，打開電源運行，第一步先設定語系，選擇適合的語言。

▲ 於 一般 選單中選擇 網路 \ Wi-Fi 搜尋 Wi-Fi 網路，選擇正確的站台名稱。

▲ 輸入 Wi-Fi 的連線密碼，再選按 送出 鈕。自動啟用及完成地區格式的設定後，可以決定要不要自動傳送你的操作意見給 Apple。第一次使用，可以選按 自動更新 鈕讓 Apple TV 更新至最新版本。

若是要指定使用的區網，連接 Apple TV 後，在 設定 選單中選擇 一般 \ 網路 \ Wi-Fi 設定其他站台名稱進行連線。

進入 Apple TV 的首頁後，可看到許多內建的選項，影片、音樂...等，不過有些內容，是針對美國市場所提供或是需要再付費購買才能觀看，這是需要特別注意的部分。

使用 Airplay 將畫面投射到電視上觀看

AirPlay 功能可以將 iPhone / iPad / Mac 設備上的內容傳送到 Apple TV，再由 Apple TV 投射到電視上，不但可以享受無線傳輸的便利性，也可透過大電視感受高畫質的播放內容與流暢度，不論是影片觀賞或是玩遊戲，都會讓你愛不釋手！

經前一個技巧說明，將 Apple TV 與電視或投影機連線後，Apple TV 與 iPhone / iPad 最有趣的連接方式，就是透過同一個區網利用 AirPlay 將畫面鏡像輸出至電視，才可以直接於電視螢幕裡看到與 iPhone / iPad 一樣的畫面。

▲ 用手指於畫面最底端往上滑開啟 控制中心，點一下 螢幕影像輸出。

▲ 點一下 AppleTV 項目，就能將畫面直接顯示在電視上。

▲ 要關閉時請再開啟 控制中心，點一下 AppleTV，在開啟的對話方塊中點一下 停止鏡像輸出。

更智慧的 Siri
語音秘書

Siri 愈來愈聰明，也深具智慧，不僅貼心了解你的想法與使用習慣，在 iOS 11 中還加入了男女聲音，不但自然還充滿人性；此外語音翻譯新功能，也讓 Siri 使用範圍更多元化，只要說一聲，大事小事輕鬆搞定！

指定語言方式與男女聲選擇

新版 iOS 11 系統中，Siri 因為加入了機器學習與人工智慧技術，不僅變得更聰明，性別上還可以選擇男女聲音及地區口音，讓 Siri 在發音、用字、速度...等表現上都更為自然。

只要點一下 **設定 \ Siri 與搜尋 \ 語言**，就可以選擇 Siri 所支援的任何語言來與它交談；另外點一下 **Siri 聲音**，則是可以針對 **性別** 及 **口音** 進行調整。(目前台灣區的中文並沒有男女聲的選項)

建立 " 本人 " 讓 Siri 認識我的身份

當使用 Siri 的次數愈多，它更能夠從你說話的方式、口音熟悉你的一切，之後才能夠統合屬於你的資訊，即時回應你的需求。

點一下 **設定 \ Siri 與搜尋 \ 我的資訊**，透過 **聯絡資訊** 找到自己的資料進行指定，完成後就會在一旁顯示 "本人" 字樣。(如果個人資料還沒有建立，要先利用 **聯絡資訊** 進行新增。)

讓 Siri 記住你的小名或暱稱

才剛開始跟 Siri 建立起 "關係"，彼此稱呼上總是有那麼一點不自然...，沒關係，你可以讓 Siri 叫任何你想要的稱謂，不管是親愛的、大帥哥、大美女、蜘蛛人、鋼鐵人...都沒問題哦！

手動或點選建議項目進行校正

跟 Siri 對話時說錯了或者講不清楚時，可以直接點 **點一下來編輯**，針對剛才你說過的話進行文字編輯，讓它正確了解你的問題與需求，或者你也可以點選 Siri 顯示的建議選項進行校正。

不用接電源，說聲 " 嘿 Siri" 立即喚醒

只要說一聲：「嘿 Siri」，就可以輕鬆呼叫 Siri。iPhone 6s / 6s Plus 後續的設備可以在不用連接電源的狀態下，隨時說一聲 「嘿Siri」 就能啟動 Siri。這項功能設計的出發點是考慮開車的人不能手持手機，或正忙於工作、打電腦雙手忙不過來的你，透過說話的方式啟動 Siri 既方便又安全。

看似方便，但若是街上某個人隨意說一句：「嘿Siri」，會不會其他人的 iPhone 也會輕易被喚醒？! 為了避免這個問題發生，Apple 設計啟動 「嘿Siri」 功能時，要先進行 5 個句子的音質訓練。

首先點一下 ⚙ **設定 \ Siri 與搜尋** 進入畫面後，點一下 **聆聽「嘿Siri」** 就可以打開語音控制設定。在出現畫面中點一下 **繼續**，接著根據畫面顯示的句子，對著 iPhone 說就可以，一定要正確地讀出才能繼續，完成後點一下 **完成**。以後只要對著 iPhone，說出「嘿Siri」，Siri 就會辨識你的聲音，並執行你交付的指令。

透過 Siri 聲控撥電話

於 iPhone 上跟 Siri 說:「打電話給 ×××」,確定連絡人中有此人後,Siri 就會撥打電話。

開關飛航、藍牙、Wi-Fi、勿擾模式、螢幕亮度

小編平常習慣手動開啟或關閉的一些設定,如:飛航模式、藍牙、Wi-Fi、勿擾模式、螢幕亮度...等,只要跟 Siri 說:「打開藍牙」、「打開勿擾模式」、「設定螢幕亮度」、「關閉 Wi-Fi」...等,就可以開關喔!

想在 App Store 搜尋什麼直接呼叫 Siri

想在 App Store 搜尋什麼,不想打字的話,只要跟 Siri 說:「在 App Store 尋找 ×××」,Siri 就會幫你開啟 App Store,直接進入搜尋畫面。

App 用説的就能開啟

不知道大家的設備是否跟小編一樣,免費或付費的 App 裝了一大堆,常常要用時卻怎麼滑也找不到?

這時只要跟 Siri 說:「打開計算機 (App 名稱)」,就會為你開啟 App。

鬧鐘不用動手就能設定

除了跟 Siri 說：「設定鬧鐘」，並透過時間的設定完成；也可以用口語化的方式跟 Siri 說：「晚上 ×× 點叫我」！

另外也可以直接跟 Siri 說：「修改」或「刪除」...等關鍵字來設定。

 ## 單位換算， Siri 立即給你答覆！

有時在外地買東西，想要知道這樣東西換算台幣是多少？或者測量東西時，需要換算長度或面積，只要跟 Siri 說：「多少元日幣等於多少台幣？」、「多少吋是幾公分」、「1 公頃等於多少平方公尺？」...等，Siri 就會針對詢問的單位換算相關問題給予立即的答案。

 ## 正在看的內容，請 Siri 待會提醒我

對於口語化的文字 (如：這個)，Siri 比較能夠理解了。像是正在瀏覽網頁的某一篇文章、撰寫郵件到一半被什麼事情耽擱時，或是在地圖上標註稍後想去的地方...等，跟 Siri 說：「請提醒我這個」關鍵字，它就會自動新增到 提醒事項 中，若是加上時間如：「在 5 分鐘後提醒我這個」，Siri 即會在指定時間提醒。

 ## Siri 幫你搞定行程安排

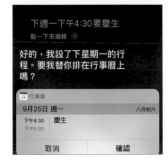 

用 Siri 安排行事曆的方式很簡單，例如跟 Siri 說：「下周一下午4點半要慶生」，句子中包含時間及事由，它就會立即幫你安排在行事曆中。

行事曆安排的過程中，跟誰去、行程修改或刪除、下一個行程...都可以直接像詢問秘書般的請問 Siri。

用 Siri 傳送訊息

簡訊傳送是平時最常使用的功能，現在有了 Siri，不用再逐字輸入，一口氣說出要求，如：「傳訊息給 ××× 說 ×××」，Siri 就會將你說的話轉成文字，直接傳送。當然你也可以 "分段" 操作，先說「傳訊息給 ×××」，Siri 會問：「你要對 ××× 說什麼？」引導你說出內容。

訊息傳送前發現內容有錯，可以跟 Siri 說：「修改內容」，它會更新傳送的訊息後再進行傳送。收到新簡訊時則可以跟 Siri 說：「閱讀新訊息」，它會直接唸訊息內容，讓你省下打開 ◯ 訊息 畫面的動作。

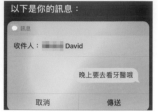

撰寫、寄送及閱讀郵件 Siri 都沒問題

郵件撰寫跟發簡訊一樣簡單，只要跟 Siri 說：「寄信」、「寫信」、「郵件」...等關鍵字，它就會開始建立郵件，並進一步詢問你郵件標題及內容，郵件內容可以分段說，也可以一口氣說出文字與標點符號，如：「中秋節快到了逗號...」，最後寫完直接傳送。

另外如果跟 Siri 說：「閱讀郵件」，它會列出郵件內的信件，並一封封閱讀，只要用聽的就可以知道大小事！

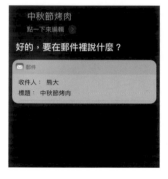

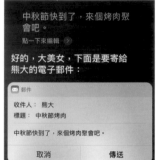

用 Siri 直接傳 LINE 訊息

Siri 整合第三方 App 可以做的事更多了，對於最常使用的 LINE，現在也可以藉由 Siri 回覆訊息，即使遇到開車、煮飯...等不方便用手輸入的狀況也沒問題！

使用前，除了點一下 ⚙ 設定 \ Siri 與搜尋 \ LINE 啟用相關支援，另外確認 Line 是否為最新版本，並於 隱私設定 關閉 密碼鎖定。

只要跟 Siri 說：「幫我傳 Line 給 ×××」、「傳 Line 給 ×××」...等關鍵字，它會直接問你想要的內容，最後跟 Siri 說「傳送」就可以了。

依日期、地點及相簿標題搜尋你要的相片與影片

當拍攝了大量的照片或影片，想要搜尋某天、某個地點的照片或影片時，若一張一張尋找，不但蠻花時間，就連眼睛都花了。這時只要跟 Siri 說：「某年某月拍的影片」、「幫我看看到 XXX 旅行的照片」、「我的自拍」...等關鍵字，Siri 就會開啟 ✿ 照片，並顯示符合你要的照片或影片。

Siri 即時翻譯，用說的嘛也通

iOS 11 中，Siri 新增了即時翻譯功能，直接以英文詢問，說出前後關鍵字「How do you say...in Chinese」的英文句子，Siri 就可以幫你翻譯好，目前僅支援的語言有：中文、法文、德文、義大利文及西班牙文。(目前尚不支援中翻英，所以操作前 Siri 語言 需設定為英文狀態)

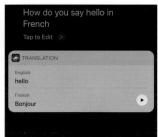

Siri 氣象報馬仔，提供即時天氣概況

上學、上班總是擔心今天會不會下雨？溫度如何，衣服要穿厚還是薄？這時候只要跟 Siri 說：「明天天氣如何」、「今天要帶傘嗎」...等一般性的詢問方式，它就可以簡單回覆你天氣的狀況，並整理出包含地點或時間，像氣溫、雨量、風速...等數據資料。(有些資料需要啟用定位服務)

Siri 美食通，帶你遍嚐各地餐廳與小吃

Siri 化身美食達人，只要跟 Siri 說一聲：「有什麼好吃的」、「飲料店」「肚子餓」、「口渴」...等生活用語，它就可以找到在你附近的餐廳或飲料店！

點選其中一家店家名稱進入畫面，即可看該店家的詳細資訊，點選 路線，它會開啟 Apple 的 🗺 地圖 ，並且顯示規劃路線，點選 前往 即可啟動導航模式，帶著你前往目的地唷！

Siri 地圖導航，指引景點方向

想要去的景點或餐廳如果不知道地址，或不清楚路
線時，只要跟 Siri 說：「××怎麼走」或是「我想去
××」...等生活化的詢問方式，它就會自動啟動  地
圖 導航模式，帶著你前往目的地唷！

有了 Siri，音樂播放更簡單

想聽聽音樂放鬆情緒時，只要跟 Siri 說：「聽音樂」、「播放音樂」...等關鍵字，它
就會隨機幫你播放 音樂 內的所有歌曲，另外如果有使用 Apple Music，也可以指
定聽取其中的音樂。播放過程中，跟 Siri 說：「停止播放」、「上一首」、「下一
首」...等關鍵字，則可以控制音樂播放的狀況。

Siri 猜歌王，用聲音找出歌曲或藝人

聽到某首不知道歌名的曲目時，只要跟 Siri 說：「這首歌是什麼」，它就能 "聽聲辨
曲"，顯示歌曲名稱與專輯資訊，還可以點一下 ▶，開啟 **Apple Music** 直接播放。

在 Siri 辨識過程中，必須先播放音樂後再呼叫 Siri，才能得到較佳的辨識結果。另
外使用中發現英文歌曲辨識速度比較快。

Siri 建議，貼心掌握你的使用習慣

於主畫面中間由左往右滑動，進入 Widget 畫面，在 **SIRI APP 建議** 欄位會顯示聯絡人與常用 App，如：**日曆**、
郵件、**地圖** 以及第三方應用程式 (點一下 **顯示更多**，可看到更多選項)。Siri 會預先顯示最常通話的聯絡人與常用
App，這些項目不是透過隨機方式進行排列，而是根據你的使用習慣或時間點，顯示在 Widget 畫面中。

固定的使用習慣愈多建議的事項就愈精準。(若你的 Siri
建議不見了，於 **Widget** 畫面滑到畫面最下方點一下
編輯，於 **Siri App 建議** 項目左側點一下 ⊕，再點一
下 **完成** 即可開啟。)

8

iCloud 雲端共享
解放手機空間

iCloud 雲端空間不僅可以備份通訊錄、行事曆、備忘錄...等重要資料，還可以與家庭
成員共享影音、娛樂項目，完全不受限設備。

啟用 iCloud 開啟同步與備份服務

很多人手上會同時有二、三台 iOS 設備，手機、平板、桌機及筆電...等，利用 iCloud 可以將你的通訊錄、聯絡資訊、行事曆、照片...等資料備份在雲端，讓所有 Apple 設備可以同步讀取，不用再透過第三方的設備或是傳輸線，省了許多麻煩。

iCloud 預設提供 5 GB 的免費空間，如果需要更多的空間，iCloud 也提供了不同的付費擴充方案。相關服務有 **iCloud Drive**、**iCloud 備份** 與 **家人共享**...等，後續將有詳細的説明。

首先點一下 ◉ **設定**，確認是否已登入 Apple ID 帳號，登入之後會先下載 iCloud 雲端資訊並與目前設備中已建立的資訊合併，如此一來不論在什麼地方，只要使用這一組帳號登入就可以輕鬆取得所需的資訊了。登入完成的同時即會開啟常用項目的同步與備份功能，讓你輕鬆掌握 iCloud 所提供的服務。

如果你尚未登入 Apple ID 帳號，點一下 ◉ **設定 \ 登入您的 iPhone** 進入登入畫面：

▲ 點一下 **登入您的 iPhone**。

▲ 輸入 **Apple ID** 與 **密碼**，點一下 **登入**。

▲ 點一下 **合併** 即可將目前 Safari 資料上傳至雲端。

▲ 最後點一下 **iCloud** 就可以進入的設定畫面。

進入 **iCloud** 後，首先要了解 "同步" 與 "備份" 的不同，所謂 "同步" 就是即時處理，當你在任一設備上新增、刪除、修改任何資料，資料就會立即上傳至雲端空間，例如：新增一筆行事曆後，稍後就能在所有設備中看到那筆新增的資料；"備份" 是將設備當下的所有資訊和設定儲存在雲端空間中，你在什麼時間點做備份，還原之後的所有資訊和設定會 "完全回復" 到那個時間點。

登入 Apple ID 後，會自動開啟 **照片、郵件、聯絡資訊、行事曆、提醒事項**...等項目，將相關資料上傳至雲端空間，如果你不想同步這些項目，或是發現想同步的項目沒有開啟時，可自行於選單設定： 🔵 是開啟，⚪ 是關閉。

iCloud Drive 是 **iCloud** 其中的一項服務，你可以將檔案、文件或是影像儲存在 **iCloud Drive**，只要在 PC 安裝 Apple 所提供的應用程式或在 Mac 完成 Apple ID 登入，即可跨平台存取資料，iPhone / iPad 則可透過 iOS 11 使用 ■ **檔案** 上傳或管理 **iCloud Drive** 裡所有的資料。

在 PC、Mac 電腦上安裝並啟用 iCloud Drive

要實現多設備同步資料，在 Windows 作業系統中只要是 Windows 7 後續版本，可以到「https://support.apple.com/zh-tw/HT204283」下載 **iCloud** 服務，安裝完成後只要輸入 Apple ID 登入，再核選想要同步的項目即可：Mac 電腦只有 OS X Yosemite 以上的版本才支援 **iCloud Drive** 。

▲ 在 PC 電腦安裝完成後，依步驟完成登入動作，即可開啟 iCloud 控制面板。你可以核選所需的備份項目，再選按 **套用** 鈕即可，最後在 **檔案總管** 左側瀏覽窗格中即可看到 **iCloud Drive** 的資料夾。

▲ 於 Mac 電腦選按 \ **系統偏好設定** \ iCloud 開啟畫面並完成登入，確認 **iCloud Drive** 項目為核選狀態，開啟 **Finder** 視窗，於側邊欄選按 **iCloud Drive**，右側會出現資料表示開啟成功。

開啟 Mac 電腦的 " 桌面 " 與 " 文件資料夾 " 同步功能

<iCloud Drive> 資料夾內建在 Mac 電腦中的 **Finder** 側邊欄，當你在 <iCloud Drive> 資料夾中存取資料時，也同時會在 **iCloud Drive** 中自動儲存及更新檔案內容；而在 macOS Sierra 之後的版本更內建了 "桌面" 和 "文件" 檔案夾，讓所有使用 **iCloud Drive** 的裝置均可直接存取 Mac 電腦中 **桌面** 與 **文件** 資料夾中的檔案。

▲ 於 Mac 電腦選按 \ **系統偏好設定** \ iCloud 畫面選按 **iCloud Drive** \ **選項** 鈕。

▲ 於 **文件** 標籤核選 **桌面與文件檔案夾**，按 **完成** 鈕即可關閉設定畫面。

完成設定後，在 **Finder** 的側邊欄
即可看到 **iCloud** 已獨立成一個項
目，並多出 **桌面** 與 **文件** 檔案夾。
(PC 電腦的檔案總管裡與 iPhone /
iPad 的 **iCloud Drive** 中均會出現
Desktop 與 **Documents** 資料夾。)

 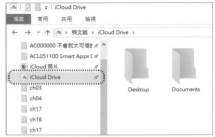

將電腦的檔案上傳至 iCloud Drive 跨平台使用

同時擁有 PC 與 iPhone、iPad、Mac...等設備的使用者都知道，要在不同設備尤其是系統也不相同的狀況互傳
檔案是一件非常麻煩的事，不是靠隨身碟來複製檔案，就是要透過某個網頁空間上傳、下載。現在有了 **iCloud
Drive** 後，只要把檔案複製到此空間，就能立刻在 iPhone、iPad、Mac...等設備上看到一樣的檔案，完全不費
吹灰之力！(在此以 PC 電腦示範)

▲ 於 PC 電腦中，先複製要跨平台分享的檔案，選按
iCloud Drive 資料夾後，按 **Ctrl + V** 鍵貼入。

▲ 於 Mac 電腦中開啟 **Finder**，側邊欄選按 **iCloud Drive**
即可在右側看到由 PC 電腦上傳的檔案。

於 iPhone / iPad 設備中，
■ **檔案** 的 **瀏覽** 模式下，
iCloud Drive 可同步管理你
透過 PC 或其他設備上傳至
iCloud Drive 上的資料。

▲ 點一下 ■ **檔案** 開啟。

▲ 點一下 **iCloud Drive**，在畫面點一下上傳的圖片檔案，
即可直接預覽該檔案。

將手機的檔案上傳至 iCloud Drive 跨平台使用

於 iPhone / iPad 設備
中，要上傳檔案或相片至
iCloud Drive 可依下列方
式操作：

◀ 要儲存電子郵件裡的檔
案時，於夾帶的檔案上
長按。

在出現的編輯選項中點 ▶
一下 **儲存到檔案**。

◀ 先 點 一 下 iCloud Drive 展開後，再點一下要儲存的資料夾，然後於右上角點一下 **加入**。

◀ 回到主畫面開啟 檔案 \ iCloud Drive，進入該資料夾即可看到上傳的檔案。

管理 iCloud Drive 裡的資料

iOS 11 新增了 **檔案** 應用程式，它可以輕鬆管理 iCloud Drive 中所存放的檔案及文件，不管是要上傳或是下載雲端的資料，都變得更方便了，另外像是 Dropbox、Google Drive、Box...等雲端空間，也都整合至 **檔案** 應用程式中，可集中管理個人檔案。

一開始啟用 **iCloud Drive** 時不會有任何資料 (部分使用者會內建應用程式資料夾)，為了之後方便管理檔案，建議先建立資料夾分類，於 **檔案** 的 **瀏覽** 模式下開啟 iCloud Drive 畫面：

▲ 新增資料夾有二種方式：可於任一空白處長按後出現編輯選項，再點一下 **新增檔案夾**；或於 **iCloud Drive** 主畫面左上角點一下 **新增檔案夾**。(往下滑動畫面即可看到)

▲ 於下方欄位輸入資料夾名稱後點一下 **完成**。

▲ 即完成新增資料夾的動作。

檔案管理中啟用 iCloud Drive 服務

iCloud Drive 服務，讓你可以將簡報、試算表、PDF、影像與任何其他類型的文件，儲存在 iCloud 中，再從你的 iPhone、iPad、iPod touch、Mac 或 PC 跨設備進行存取使用，預設在登入 iCloud 後，即會自動開啟 **iCloud Drive** 服務，再由主畫面中的 **檔案** 進入 iCloud Drive。如果開啟 **檔案** 後發現沒有 iCloud Drive 時，可依下列方式操作：

▲ 開啟 **檔案** 後，點一下 **開啟 iCloud Drive**。

▲ 於 iCloud Drive 點一下右側圖示呈 狀，開啟項目。

▲ 最後回到主畫面開啟 **檔案** 即可進入 iCloud Drive 畫面。

搬移 iCloud Drive 裡的資料

在 **iCloud Drive** 中學會建立資料夾後,接著就是把檔案分類儲存,日後要上傳或是找檔案時,就可以依歸類的資料夾尋找,以下示範將圖片檔搬移至指定資料夾中。■ **檔案** 的 **瀏覽** 模式下開啟 **iCloud Drive** 畫面:

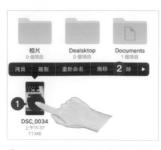

▲ 於要搬移的檔案上長按出現編輯選項,再點一下 **搬移**。

▲ 點一下要儲存的資料夾,再於右上角點一下 **搬移**。

▲ 完成資料搬移動作。

重新命名、分享 iCloud Drive 的資料

點一下 ■ **檔案** 的 **瀏覽** 模式下開啟 **iCloud Drive** 畫面,長按項目後出現編輯選項,點選 **重新命名** 即可輸入新的名稱,如果要分享項目給朋友,可依右圖操作:

▲ 長按項目後,於編輯選項中點一下 ▶ 開啟更多選項。

▲ 接著於編輯選項中點一下 **分享**。

▲ 可以選擇以 AirDrop、訊息、郵件...等方法,分享給朋友。

刪除 iCloud Drive 裡不需要的資料

因為 **iCloud** 裡同步、備份的項目包羅萬象十分方便,免費 5 GB 空間很快就不夠用了,可整理刪除 **iCloud Drive** 裡的檔案。點一下 ■ **檔案** 的 **瀏覽** 模式下開啟 **iCloud Drive** 畫面:

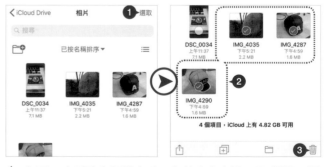

▲ 長按項目後,於編輯選項中點一下 **刪除** 即可。

▲ 如要一次刪除多個檔案時,先於右上角點一下 **選取**,再選擇刪除的項目,當出現 ✔ 圖示,再於右下角點一下 🗑 即可。

習慣使用 PC 或 Mac 的人也可在電腦上利用檔案管理的功能,建立資料夾、搬移、重新命名、刪除...等管理項目,以維持足夠的可用空間。

恢復最近刪除的資料

如果不小心刪除了 **iCloud Drive** 中重要檔案，在 30 天內都可由 **最近刪除** 中恢復檔案。進入 ▣ **檔案** 的 **瀏覽** 模式下：

▲ 點一下 **最近刪除** 。

▲ 畫面中看到最近刪除的檔案清單，於右上角點一下 **選取**。

▲ 接著點一下欲恢復的項目，當出現 ✔ 圖示，再於下方點一下 **復原** 即可。

 ## 管理雲端空間

▣ **檔案** 除了可以管理 **iCloud Drive** 的資料外，如果還有其他 Google Drive、Dropbox...等雲端空間時，也可以統一整合。進入 ▣ **檔案** 的 **瀏覽** 模式下：

▲ 於右上角點一下 **編輯**。

▲ 下方會出現目前 iPhone / iPad 中已安裝的雲端空間 App 清單。

▲ 開啟想要管理的雲端空間項目，於右側圖示呈 ◯ 狀，再點一下 **完成** 即可。

使用 ▣ **檔案** 管理其他雲端空間時，是使用該雲端空間 App 的管理介面開啟，空間容量也是該雲端空間所提供的大小，並不算在 iCloud 服務中。

 ## 還有多少 iCloud 空間？

iCloud 提供了 5 GB 的免費空間，**iCloud** 中的 **郵件、聯絡資訊、行事曆、iCloud 備份** ...等功能都會運用到，建議要定期檢查已使用的空間，因為如果空間滿了，就無法完成任何同步或備份動作。點一下 ◉ **設定** \ (你的名字) **Apple ID** 開啟畫面：

▲ 點一下 **iCloud**。

▲ 畫面上方可以看到目前 iCloud 的 **儲存空間** 與 **已使用** 的狀態，如要看更詳細的項目，點一下 **管理儲存空間**。就可以看到每個項目佔用的容量。

iCloud 空間不夠用！減少備份項目

iCloud 服務中，確認 ⚙ 設定 \ (你的名字) Apple ID \ iClud \ iCloud 備份 功能已開啟，即可進行雲端備份的動

作。使用 **iCloud 備份** 是將你 iPhone / iPad 上的資料與 App 完整備份到 Apple 雲端伺服器裡，不過在備份之前可以先了解目前使用的這台設備下一次備份會佔多少的空間，並可調整要備份的項目。點一下 ⚙ 設定 \ (你的名字) Apple ID \ 管理儲存空間 \ 備份 開啟設定畫面：

▲ 點一下要查詢備份資料的設備。

▲ 可以在 **資訊** 畫面中看到本機詳細的備份資料與下次備份所需空間，點一下 **顯示所有 App** 可看到更多項目。

▲ 若備份項目太多，可於不需要備份的 App 右側，先點一下 ⚪ 圖示，再點一下 **關閉並刪除**，當右側圖示呈 ⚪ 狀，即可刪除該 App 在 iCloud 備份中的內容，且下次不會備份此項目。

購買較大的 iCloud 空間，2TB 大躍進

iCloulId 的擴充空間付費方案分別有 50GB / 每月 30 元、200GB / 每月 90 元、2TB / 每月 300 元，如果覺得

免費的 5 GB 不夠用時，可以考慮是否需購買大一點的 iCloud 空間，點一下 ⚙ 設定 \ (你的名字) Apple ID \ iCloud \ 管理儲存空間 開啟設定畫面：

▲ 點一下 **變更儲存空間方案**。

▲ 點選要購買的空間方案，再點 下 **購買**。

▲ 接著輸入 Apple ID 密碼後，點一下 **登入** 即完成購買，之後每個月都會定期扣款，直到你更改或取消方案。

啟用與邀請家人共享 App、音樂、影片 ... 服務

家人共享 可以讓最多 5 位家人成員，分享彼此購買的音樂、電影、電視節目、書籍、App...等項目。這麼好用的功能不好好的運用真是可惜了，首先點一下 ⚙ 設定 \ (你的名字) Apple ID 開啟設定畫面：

▲ 點一下 **設定家人共享**。

▲ 點一下 **開始使用**。

▲ 初始會有四種共享項目，點選 **iTunes 與 App Store 購買項目** 開啟設定畫面。

▲ 於 **確認帳號** 畫面點一下 **繼續**。

▲ 再點一下 **繼續**。

▲ 於邀請家庭成員畫面點一下 **邀請家庭成員**。

▲ 就會開啟 🗨 **訊息** 畫面，輸入家庭成員的 Apple ID 帳號，點一下 ⬆。

▲ 點一下 **完成**，完成邀請的動作。

▲ 被邀請的家庭成員收到邀請通知後，點一下 **點一下以檢視邀請**。

▲ 點一下 **加入家庭**。

▲ 點一下 **共享我的購買項目**，即可與家庭成員一起分享下載及購買的項目。

▲ 點一下 **完成**，完成加入家庭成員的動作。

▲ 當被邀請的家庭成員完成加入動作後，組織者即會收到訊息通知。

如果在 **確認帳號** 畫面點一下 **繼續** 後出現如左圖提示方塊，那表示在 Apple ID 中尚未設定付款方式，你需完成相關設定才能進入下一步。(或是改成於 **開始使用** 畫面點選 **位置分享** 項目，並依指示完成設定也可開啟 **家人共享** 功能，但只能與家庭成員分享位置，無法共享其他項目。)

依前一頁的設定，如果還想繼續加入家庭成員到群組中，彼此分享購買的項目，點一下 ⚙️ **設定** \ (你的名字) **Apple ID** \ **家人共享** 開啟設定畫面：

▲ 除了可以透過 💬 **訊息** 的方式邀請外，也可以 " 當面 " 邀請家庭成員加入，確認 **購買項目共享** 項目有開啟共享後，點一下 **加入家庭成員 ...**，接著點一下 **親自邀請**。

▲ 輸入該家庭成員的 Apple ID 帳號，點一下 **下一步**。

▲ 接著請該家庭成員輸入他的 Apple ID 密碼，再點一下 **下一步**。

▲ 確認家庭成員的帳號無誤後，點一下 **下一步**。

▲ 點選是否要開啟 **分享您的位置** 功能，最後點 **下一步**。

▲ 接著會收到通知，並在家庭成員清單中看到新增的家庭成員。

幫 13 歲以下兒童申請一個可控管的 Apple ID

未滿 13 歲的兒童無法自行建立 Apple ID，透過 **家人共享** 你就可以替孩子建立 Apple ID，不僅方便管理他在 📲 **App Store** 的任何下載動作，還可以利用 **位置共享** 隨時掌握孩子的去處，點一下 ⚙️ **設定** \ (你的名字) **Apple ID** \ **家人共享** 開啟設定畫面：

▲ 點一下 **加入家庭成員 ...** \ **建立兒童帳號**。

▲ 瀏覽相關說明後，點一下 **下一步**。

▲ 設定小朋友的正確出生日期，點一下 **下一步**。

▲ 閱讀重要事項條款後，點一下 **同意**。

▲ 輸入信用卡的安全碼驗證，再點一下 **下一步**。

▲ 輸入兒童的姓名並點一下 **下一步**。

▲ 為孩子建立一組郵件名稱，完成點一下 **下一步**。

▲ 點一下 **建立**，確認要建立的電子郵件位址，這組郵件將會成為 Apple ID 帳號。

▲ 為這組 Apple ID 建立容易記的密碼組合，再點一下 **下一步**。

▲ 接著要設置三組帳號安全性問題，每設完一組答案後，點一下 **下一步** 繼續。

▲ 開啟 **購買前詢問**，右側圖示呈 ◯ 狀，點一下 **下一步** 繼續。

▲ 點一下 **分享位置**，就可以掌握小朋友的行蹤。

▲ 瀏覽相關條款與約定後，點二次 **同意**。

▲ 瀏覽相關 iTunes 條款與約定後，點二次 **同意**。

▲ 即完成了小朋友 Apple ID 的申請，且已加入 **家人共享** 的清單中。

再也不用怕小朋友亂買遊戲 App

曾經有新聞報導，因為小朋友在 App Store 亂買 App，導致大人必須支付不少費用，現在有了 **家人共享**，就不必擔心會發生這樣的事，請依上個技巧說明在小朋友使用的 Apple 設備中申請小朋友專屬的 Apple ID，之後他使用 Apple Store 購買 App 時，你就會收到要求准許的通知。(如果點選 **取得** 或 **購買** 的話，父母還須輸入個人的 Apple ID 密碼做最後確認。)

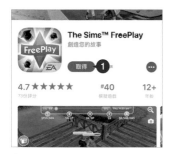

▲ 當小朋友在 Apple Store 購買付費或免費 App 時，先點一下 **取得** (或費用)。

▲ 輸入 Apple ID 的密碼，再點一下 **購買**。

▲ 點一下 **安裝**。

▲ 接著他必須點選 **要求**，讓父母准許這項購買動作。

◀ 父母的設備會收到通知的訊息，點選 **取得** 或 **拒絕** 來決定要不要讓小朋友安裝這個 App。(付費的 App 則為 **購買** 而非 **取得**)

◀ 或是於 App 上方即可看到訊息。(如果父母親剛好在身旁時，也可點選 **親自同意**，再輸入家長的相關資訊即可購買。)

與家人共同建立、分享相簿

建立照片 **共享** 與朋友們分享，朋友也可以在你指定共享的照片、影片上留言寫評論，這些內容就會出現在 **家人共享** 名單中每個人的 iOS 設備上，點一下 ⚙ **設定 \ (你的名字) Apple ID \ iCloud \ 照片** 開啟設定畫面：

▲ 開啟 iCloud **照片共享**，右側圖示呈 ⬤ 狀。

▲ 開啟 ✱ **照片**，於畫面下方點一下 **共享**，再點一下 **家人共享 (Family)** 相簿，再點一下 ➕ 號。(如沒有看到 **家人共享** 的相簿，請先點一下左上角 **共享** 回到主清單即可看到。)

▲ 點選要分享的照片，完成後於右上角點一下 **完成**。

▲ 為這些照片輸入標題，再點一下 **發佈**。

▲ 即可在 **家人共享** 相簿中，看到已分享的項目。

▲ 家人共享裡的成員就會收到發佈訊息，點一下通知即可看到相簿內容。

▲ 點選照片觀看還可以寫評論，或是點一下 **喜歡**。(同 FB 按讚功能)

利用 iPhone 尋找家人的行蹤

如果有設定分享位置，在使用 **尋找 iPhone** 功能時，除了能看到自己的手機外，也能看到其他家人的位置。

▲ 於主畫面點一下 ◎ **尋找 iPhone** 開啟並輸入你的 Apple ID 帳號密碼後，點一下 **登入 ...** 登入。(如主畫面沒有 ◎ **尋找 iPhone**，需先至 🅰 Apple Store 下載安裝 ◎ 。)

◀ 接著就會開始定位，定位完後，即可看到所有的家庭成員設備名稱，只要他們的設備有開機並連上網路，點選家人成員設備名稱就會顯示出他們的位置。(初次使用 **尋找我的 iPhone** 時，會要求 **開啟「傳送最後記錄的位置」** 功能。)

尋找我的 iPhone / iPad

當 Apple 設備不見了先別慌張，趕快另外找台 Apple 設備或透過電腦登入 iCloud. com，只要遺失的設備已開啟 ⚙️ **設定** \ (你的名字) **Apple ID** \ **iCloud** \ **尋找我的 iPhone** \ **尋找我的 iPhone** (或 **尋找我的 iPad**)，且處於開機並有連接上網的狀態，就可以透過 iCloud.com 看到設備的所在位置。在 iCloud.com 首頁中選按 ⚪ **尋找我的 iPhone**，接著輸入 Apple ID 密碼確認為本人登入，待地圖定位之後就可以在地圖上看到設備的位置。

若擔心設備遺失時沒電而無法發出定位，點一下 ⚙️ **設定** \ (你的名字) **Apple ID** \ **iCloud** \ **尋找我的 iPhone**，開啟 **傳送最後記錄的位置** 功能，在電池電量降到極低時，就會自動傳送位置，讓你得知設備最後所在位置。

▲ 於 iCloud.com 網頁中選按 **尋找我的 iPhone** 進入，接著就會開始定位。

▲ 若同時有多台設備使用同一個帳號，可選按上方 **所有裝置**，選擇你要找的設備。

◀ 只要設備開機並已連上網路，即會在地圖上顯示出位置。當尋找到 iOS 設備後，可以選按 🔊 **播放聲音** 鈕，讓 iOS 設備發出聲響；如果不慎遺失了 iOS 設備時，你可以選按 🔘 **遺失模式** 鈕，會要求傳送一組電話號碼及訊息，並會使用密碼鎖定你的設備，通知到的人該如何與你聯絡並歸還；最後，如果你覺得遺失的 iOS 設備返回無望時，選按 🗑 **清除 iPhone** 鈕，即會清除該 iOS 裝置中所有個人資訊及設定還原為原廠設定值。

iCloud.com 讓你擁有雲端辦公室

如果手邊沒有自己的設備，也可以借用任一台電腦的網頁瀏覽器透過 iCloud.com 取得 iCloud 裡所有相關的資訊，包括照片、iCloud Drive、聯絡資訊、行事曆、備忘錄與提醒事項，也可以用 iWork 編輯文件或是尋找自己的設備。進入「http://www.icloud.com」網站，輸入 Apple ID 與密碼登入：

◀ 進入 iCloud.com 網頁後，於欄位中輸入 Apple ID 帳號、密碼後按 ➔ 登入 iCloud。

◀ 登入後就可以瀏覽與取得各 App 同步的資訊，也可進入 **iCloud Drive** 瀏覽存放在雲端的資料或使用線上版的 **Pages**、**Numbers**、**Keynote**... 等 App 進行文件編輯。

Pages 是文件編輯應用程式，類似 Office 中的 Word；**Numbers** 是試算表應用程式，類似 Office 中的 Excel；**Keynote** 是簡報編輯應用程式，類似 Office 中的 PowerPoint；目前在 iCloud.com 推出雲端版本免費使用，雖然功能不盡然與電腦版完全相同，不過還是十分方便。

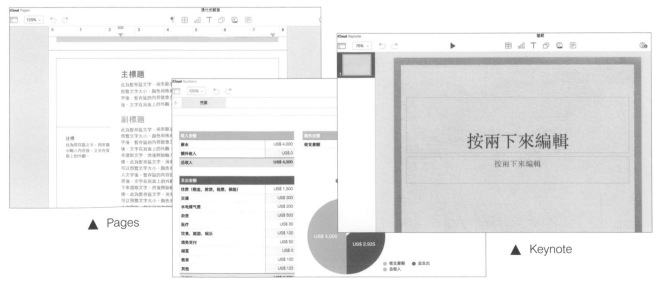

▲ Pages

▲ Numbers

▲ Keynote

PART

9

哪裡有問題？
iOS 疑難雜症全攻略

iPhone / iPad 操作上常會遇到：舊機換新機、耗電、App 退費、Android 手機移轉到 iOS、畫面顏色不對...等常見問題與小撇步，通通告訴你！

舊機換新機：用 iTunes 傳送 iPhone / iPad 資料

換機時最大的問題就是要備份舊機上的連絡人、App、設備設定、照片...等到新機，備份資料的方式有二種，一種是需要接上連接線透過電腦 **iTunes** 備份；另一種則是透過 iCloud 雲端備份，在此先說明 **iTunes** 備份的方式 (下個技巧即有 iCloud 備份的說明)：

使用 **iTunes** 進行舊機、新機資料的搬移是將資料備份在你的電腦硬碟裡，屬於較完整的備份方式，所以需要透過連接線連接電腦，如果你屬於拍照的重度使用者，在 iPhone / iPad 🌸 **照片** 中存有許多檔案時，建議使用 **iTunes** 備份，以免雲端空間不夠用。

iTunes 的下載及安裝

iPhone / iPad 的系統備份與同步、App 管理、檔案傳輸...等工作都可以靠 **iTunes** 來完成。請由電腦瀏覽器進入「http://www.apple.com/tw/itunes/download/」頁面下載安裝檔，並執行安裝。

▲ 進入 **iTunes** 的官方網頁按 **立刻下載** 鈕進行下載。

▲ 下載後選按安裝檔二下即可安裝，完畢後會自動開啟 **iTunes**。

開始備份舊機內的資料

透過 **iTunes** 將舊機內的資料完整備份並儲存到電腦中，如果 iPhone / iPad 中的資料較多，備份所需的時間會較長，請耐心等待。

將 iPhone / iPad 透過連接線接上電腦並開啟 **iTunes** 時，預設會自動進行資料同步，"同步" 與 "備份" 並不相同，同步是將 iPhone / iPad 上的新資料傳到電腦 **iTunes** 裡，再將 **iTunes** 上新加入的內容傳到 iPhone / iPad 上，讓兩邊資料保持相同。若擔心進行備份時資料會亂掉，可以在備份前先將自動同步的設定關閉。

▲ 開啟 **iTunes**，選按 **編輯 \ 偏好設定**。接著選按 **裝置** 項目，核選 **避免 iPod、iPhone 和 iPad 自動同步**，再按 **確定** 鈕，連接設備時就不會自動同步了！

確認舊機已連接到電腦 (若首次使用出現是否信任設備的訊息請點一下 **信任**，再輸入密碼)，就開始備份囉！

▲ 開啟 **iTunes**，將 iPhone 或 iPad 設備接上電腦。按上方工具列的 📱 設備圖示 (部分使用者會直接進入下方畫面自動開始備份)。

▲ 於 **自動備份** 核選 **這部電腦**，取消核選 **替 iPhone 備份加密**，最後按 **立即備份** 鈕。(若出現如上要求的對話方塊，選按 **傳送購買項目** 鈕，這樣才能完整備份舊機中的所有資料)。

▲ **iTunes** 視窗上方會顯示目前備份進度。

▲ 備份完成後可以在 **iTunes** 視窗右下角 **最新的備份** 中看到備份的時間點與相關訊息。

將備份資料轉移至新機

新的 iPhone / iPad 開箱檢查後，先依說明啟用系統 (進入主畫面)，回復備份前需先關閉 iPhone / iPad 中的 **尋找我的 iPhone** 功能。點一下 ⚙ **設定 \ Apple ID \ 本機名稱 \ 尋找我的 iPhone**，關閉 **尋找我的 iPhone** 項目，這時會要求輸入 Apple ID，輸入後即可關閉此項目。

接下來就要將備份好的資料還原至新機中囉！將已啟用系統並關閉 **尋找我的 iPhone** 功能的新 iPhone / iPad 接上電腦，開啟 **iTunes**：

▲ 在 **iTunes** 中的 **備份** 按 **回復備份** 鈕。若有其他備份項目會出現此對話方塊，選擇剛備份的舊機名稱和時間，再按 **回復** 鈕，**iTunes** 即會將舊機備份的資料還原到新機之中。

▲ 回到新機會看見出現 Hello 歡迎畫面，請依指示設定相關資料，直到開始使用與進入 iOS 11 畫面，**iTunes** 即會繼續還原 App 等相關資料。(若看見 App 圖示呈現灰色狀態，表示還在還原中，請耐心等待。)

舊機換新機：用 iCloud 傳送 iPhone / iPad 資料

使用 iCloud 備份是將你 iPhone / iPad 上的資料備份到 Apple 雲端伺服器裡，只要 iPhone / iPad 有連線 Wi-Fi 即可隨時備份。只要有 Apple ID 即自動擁有 5 GB 的 iCloud 免費儲存空間，如果 iPhone / iPad 中資料量很大，但仍想用 iCloud 備份資料，那就要考量購買 iCloud 空間，可參考 P8-8 說明。

開始備份舊機內的資料

點一下 ⚙ 設定 \ Apple ID，確認為要備份的帳號後，現在要手動備份舊機資料，點一下 iCloud \ iCloud 備份，開啟 iCloud 備份，再點一下 立即備份，即可開始執行備份動作。

將備份資料轉移至新機

新機依 Part01 的說明啟用系統，於第 12 步驟，點選 從 iCloud 備份回復，就可將備份在 Apple 雲端伺服器裡的資料還原至新機中。(如果新的 iPhone / iPad 已啟用，但仍想經由 iCloud 回復備份，就必須重置 iPhone / iPad 的設定與資料，可參考 P9-6 舊機轉手前的重置說明，即可在重新開啟後進入設定的步驟。)

從 Android 手機 " 移轉到 iOS" 就是那麼簡單

蘋果在 Google Play 商店推出免費 Android App **Move to iOS** 資料移轉工具，在官網「http://www.apple.com/tw/iphone/switch-to-iphone/」中也整理了相關的教戰守則，讓 Android 設備上的資料安全地轉移至 iOS 系統。

從 Android 設備下載 "Move to iOS" App

在欲進行移轉的 Android 設備先安裝 **Move to iOS** App，這款 App 支援 Android 4.0 或後續版本的所有手機和平板電腦，安裝後開啟 App，接著點一下 繼續，閱讀條款後點一下 同意，於 尋找密碼 畫面點一下 下一步。

在 iOS 設備上設定 " 從 Android 移轉資料 "

回到 iOS 設備端，在設定資料移轉動作之前，不管是新機或重置過後的設備，必須在一開始啟用設定階段才能進行操作。(若有舊機要重置可參考 P9-6)

完成語言、地區、鍵盤、Wi-Fi...等初始設定後，在 **App 與資料** 這個步驟中點一下 **從 Android 移轉資料**，然後點一下 **繼續**，產生一組移轉密碼。

回到 Android 設備傳送資料

iOS 設備會透過 Wi-Fi 網路尋找附近正在執行「移轉到 iOS」的 Android 設備，當你將 iOS 設備端產生的密碼輸入到 Android 設備端後，就會開始拷貝並傳送如：**相機膠卷**、**訊息**、**Google 帳號**、**聯絡資訊**、**App** 的資料到 iOS 設備上。傳送完成後，點一下 **完成**。

接收從 Android 設備移轉的資料

在 Android 設備移轉資料的過程中，iOS 設備也同步進行接收，當完成移轉後，依照後續流程啟用 iOS 的各項設定，直到進入主畫面，即可開始使用。

進入主畫面時若出現要求你再次輸入 Android 設備使用的 Google 密碼時，點一下 **設定** 進入重新輸入密碼，接著會詢問是否加入您的 Android 設備 App，看完說明點一下合適的項目，即完成設備轉移。

恢復隱私權與定位服務的原廠設定

在安裝 App 時，常會遇到詢問是否允許讀取設備的照片、聯絡資訊或取用位置...等訊息，當你允許授權後，每次使用該 App 時，即可使用資料或啟用定位。如果想要將隱私權或定位服務重置為出廠預設值，點一下 ⚙ **設定 \ 一般 \ 重置**，於畫面中點一下 **重置定位服務與隱私權**，輸入密碼後再點選 **重置設定** 即可。

檢查與執行 iOS 系統更新

使用 iTunes 進行系統更新

這種更新方式比較麻煩但更新過程較為穩定，必須先將 iPhone / iPad 接上電腦，開啟 **iTunes** 之後會自動檢查，若不是最新版本會出現提示文字，按 **更新** 鈕即可。

在 iPhone 進行系統更新

直接在 iPhone 上進行系統更新是最方便的，但更新時因為要下載軟體，若是重大的更新會較為耗時，最好在網路穩定且連接電源的狀態下進行。

在 iPhone 點一下 ⚙ 設定 \ 一般 \ **軟體更新** 進入檢查畫面，會開始檢查目前設備的 iOS 系統是否為最新版本，若為最新版本會顯示目前為最新的系統，若不是則點一下 **下載並安裝** 進行升級的動作。

舊機轉手前一定要先將系統恢復為出廠預設值

新機入手前，當然要思考如何處理手上的舊 iPhone / iPad。無論是要網拍或是轉手給親友，都必須要將舊機內所有資料與記錄清除乾淨。

點一下 ⚙ 設定 \ 一般 \ 重置 \ 清除所有內容和設定，點一下 **立即清除**，再點二次 **清除 iPhone**，最後再輸入 Apple ID 密碼就可以把所有資料與設定清得乾乾淨淨。

螢幕變黃？別擔心！那是 True Tone ！

iOS 11 於 iPhone 8 之後機種預設開啟 True Tone 功能，讓畫面自動調整可以為符合環境光線的顏色與亮度，所以有時候畫面顏色會看起來偏黃。用手指於畫面最底端往上滑，以 **3D Touch** 或長按控制中心 ☀ 項目，可看到 ☀ True Tone，點一下 ☀ True Tone 關閉功能後，螢幕的顏色就不會再偏黃了，或者也可以至 ⚙ 設定 \ 螢幕顯示與亮度 關閉 True Tone 項目。(若畫面還是偏黃，可以檢查是否有開啟 **Night Shift** 功能。)

改善耗電問題的省電技巧

升級到 iOS 11 後有一些設定上的變更，讓使用者感覺新系統似乎更耗電，以下幾個小步驟可以幫你檢查並減少電源消耗的狀況。

檢查各 App 的用電量

於 ⚙ **設定 \ 電池** 畫面的 **電池用量** 項目中，可以看到過去一天或幾個小時間各 App 的耗電比例排名，如果有 **過去 X 天** (天數不一定)，讓你藉由更多天數的耗電數據有效掌握 App 的用電量。點一下 🕐 則可以看到每個 App 分別於螢幕與背景運作的時間明細，如果在背景運作的時間太久而耗電，則可以考慮於 ⚙ **設定 \ 一般 \ 背景 App 重新整理** 中關閉 App 於背景的運作。

關閉與系統運作無關的定位訊息發送

於 ⚙ **設定 \ 隱私權 \ 定位服務 \ 系統服務** 中有許多系統中需要分享位置的項目，有些不是運作所必須的，就可以先關閉以節省電源，建議可關閉：**基於位置的 Apple Ads**、**Wi-Fi 網路**、**附近的熱門應用程式**、**iPhone 分析** 這四個項目，都可依個人使用情況斟酌。

關閉不必要的 App 位置訊息發送

於 ⚙ **設定 \ 隱私權 \ 定位服務** 中有每個 App 可接收位置訊息的設定，點一下要設定的 App，再依使用情況，點一下 **永不** 就可以停止該 App 使用位置訊息。

關閉背景 App 重新整理、Handoff、自動下載 App 更新、AirDrop

除了以上項目，還可以依需求關閉以下幾個少用的項目。

▲ ⚙ **設定 \ 一般 \ 背景 App 重新整理 \ 背景 App 重新整理**，點一下 **關閉** 即可。

▲ ⚙ **設定 \ 一般 \ Handoff**，關閉 **Handoff** 項目即可。

▲ ⚙ **設定 \ iTunes 與 App Store**，關閉 **更新項目** 就不會自動下載更新的 App 了。

▲ ⚙ **設定 \ 一般 \ AirDrop**，點一下 **關閉接收**，待有需要傳資料時再開啟即可。

AirDrop 無線傳檔給朋友

想要馬上跟周遭的朋友分享昨天聚餐的照片、影片,或者是一個很酷的新網站?利用 AirDrop 無線分享是許多人很喜歡的分享方式!

使用 AirDrop 的注意事項

可惜並不是所有設備都支援這個功能。若要利用 AirDrop 分享內容,雙方都需要是 iPhone 5 或後續機型、iPad 第 4 代及後續機型、iPad mini 系列機型、iPod touch 第 5 代及後續機型使用 iOS 7 以上系統,在使用時必須在有 Wi-Fi 或是行動數據的環境下才能傳送資訊。

開啟 AirDrop 及設定對象

可以於 ⚙ 設定 \ 一般 \ AirDrop 開啟或關閉 AirDrop,也可以使用 控制中心 快速設定,從任何畫面用手指於畫面最底端往上滑,於控制中心以 3D Touch 或長按 🛜 Wi-Fi 區塊,功能清單中點一下 ⌖ AirDrop 再設定分享的對象:

1. **關閉接收**:關閉 AirDrop。

2. **僅限聯絡人**:是你的聯絡人且使用 iOS 設備,才能傳輸。

3. **所有人**:附近所有 iOS 設備都可以看到你的 iOS 設備。

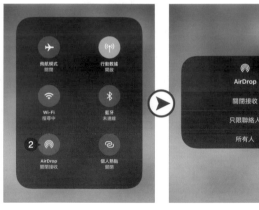

使用 AirDrop 傳輸檔案

以下就利用照片來說明 AirDrop 傳輸檔案的方式:確認將要傳送與接收的二台 iOS 設備皆開啟 **AirDrop**,並指定合適的分享對象,分別透過 ⚙ **設定 \ 一般 \ 關於本機** 中了解二台設備的 **名稱**,以準確掌握資料的傳送者與接收者。接著從其中一台的 🌸 **照片** 中選擇一張照片,左下角點一下 ⬆ **分享**,再選擇要傳遞的 iOS 設備名稱,在另一設備會收到分享的通知,點一下 **接受** 即可接收檔案。

螢幕自動亮度調整

螢幕亮度預設會依照自己所在的環境自動調整，但如果處於光線亮度變化大的地方，想要關閉或開啟螢幕 **自動調整亮度** 功能，點一下 ⚙️ **設定 \ 一般 \ 輔助使用 \ 顯示器調節**，再依照需求開啟 🔘 或關閉 ⭕ **自動調整亮度** 項目即可。

全新 App Store 與下載

全新五大標籤頁，最新最速報內容滿滿

iOS 11 中全新大改版的 App Store，新的介面分為五大標籤頁：🔲 **Today**、🚀 **遊戲**、📚 **App**、⬇️ **更新項目**、🔍 **搜尋**，讓你能更容易找到各種全新 App 和遊戲。在 🔲 **Today** 中新登場的 **每日專題** 都是由 Apple 團隊精心撰寫，內容包含當日獨家全球首發或 App 幕後花絮，其他還有實用技巧與秘訣、主題榜單、今天推薦的遊戲和 App...等豐富內容，讓 App 在使用上能更快上手，也更容易找到需要的 App。

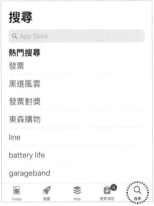

帳號切換更集中方便

iOS 11 切換帳號更方便了，在除了 🔍 **搜尋** 標籤頁外，其他四個標籤頁右上角都有 👤，點一下 👤 (或是自己設定的帳號圖案) 即可進入帳號畫面。

帳號 畫面中，點一下帳號名稱可以設定 Apple ID 及密碼、付款資訊及國家或地區，點一下 **登出** 則可以切換不同帳號。而其他項目還包含：**已購項目** 可以看到目前登入的帳號有購買的 App、**兌換禮品卡或代碼** 則是可以輸入代碼後兌換禮品卡，完成設定之後點一下右上角的 **完成** 即可回到 App Store 畫面。

利用關鍵字找到熱門 App

在 App Store 中除了可以透過 APP 項目找到 **付費排行**、**免費排行** 或 **熱門類別** 的 App 資訊，搜尋 項目中有 **熱門搜尋** 清單，讓你可以隨時了解目前流行的搜尋關鍵字有哪些，再根據這些關鍵字進行搜尋。

每次購買 App "一定要" 輸入 Apple ID

iPhone / iPad 中下載、購買或更新 App 時均需要輸入 Apple ID 確認身份 (若你的 Apple ID 已內建信用卡資料便可直接進行 App 的購買)，然而為了使用者的便利性，預設是輸入 Apple ID 後 15 分鐘內可以不需重複輸入即可下載、購買或更新 App。

雖然便利但也有風險存在，就有許多案例是因此被他人盜買了大筆金額的 App，不妨可以限定每次下載 App 都 "一定要" 輸入 Apple ID。點一下 設定 \ 一般 \ 取用限制，再輸入取用限制密碼進入設定畫面：

▲ 點一下 **啟用取用限制**，接著輸入二次取用限制的密碼。

▲ 於下方項目中，點一下 **密碼設定**。

▲ 再點一下 **永遠需要輸入密碼**。

▲ 接著輸入 Apple ID 密碼後就完成設定。

免費 App 不用輸入密碼就可下載

在 App Store 下載、購買或更新 App 時，輸入 Apple ID 的動作雖然可以保障使用者的隱私與安全性，但是如果遇到免費 App，既不用刷卡更沒有付費問題，如果還要輸入密碼才能下載就太麻煩了。

為了簡化下載安裝免費 App 的流程，讓你不用輸入密碼就可以下載免費 App，點一下 設定 \ 一般 \ 取用限制 進入設定畫面，輸入取用限制密碼後，再點一下 **密碼設定**，於免費下載項目關閉 **需要輸入密碼** 即可。

限制無法購買、安裝或刪除 App

前面技巧提到限定使用者下載、購買或更新 App 時均需要輸入 Apple ID 確認身份，但若將 iPhone 借給他人使用也有風險，如果擔心朋友已知道你的 Apple ID 或是會隨意刪除設備中的 App 時，建議先關閉刪除、購買、安裝 App 的相關設定。點一下 ◉ **設定\一般** 進入設定畫面：

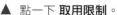

▲ 點一下 **取用限制**。

▲ 輸入之前設定的 **啟用限制密碼**。

▲ 關閉 **安裝 App**、**刪除 App**、**App 內購買** 功能。

▲ 回到主畫面時，會發現 🅰 App Store 已不見了，而且按住 App 後也無法刪除設備上的 App。

將購買過的 App 分享給朋友

因為 App 的流行，許多人都會熱衷於找尋限時免費的 App 下載，如果你發現朋友下載了一款限免的超值遊戲，而你已經錯失了下載的時間，那該怎麼辦？其實你可以借用他的帳號登入到 🅰 **App Store** 上，將 App 下載到自己的 iPhone 中。先以朋友的帳號登入 🅰 **App Store**：

▲ 於 🅰 App Store 畫面右上角點一下 ⑨ **帳號**。

▲ 點一下 **登出**。

▲ 接著請朋友輸入他的帳號與密碼後，點一下 **登入**。

▲ 確認已變更為朋友的 Apple ID。

登入朋友帳號後，即可下載好友下載過的 App：

▲ 於 **帳號** 畫面點一下 **已購項目**。

▲ 點一下畫面上方的 **不在此 iPhone** 就可以看到目前你的裝置中還沒有下載過的項目。

▲ 接著點選要下載的 App 即可，完成後點一下 **帳號\完成** 可以回到 🅰 App Store 畫面。

買錯 App、電影、書籍或音樂的退款秘技

無論你在 App Store 或 ★ iTunes Store 購買 App、電影、書籍或音樂,若反悔了是否可以退款?在購買使用後,若覺得對購買的 App、電影、書籍、音樂不滿意、不如預期...等理由想要退款,請儘快向 Apple 提出取消購買的申請,成功退款的機會就會提高。以下將示範如何在 iTunes 中進行退款動作:

首先在電腦上開啟 **iTunes**,選按 **帳戶 \ 登入**,輸入 **Apple ID** 與 **密碼**,再輸入傳到裝置的驗證碼,按 **繼續** 鈕,登入後再選按 **帳戶 \ 檢視我的帳號** 進入相關畫面:

▲ 於 **帳號資訊** 畫面 **購買記錄** 右側選按 **顯示全部**。

畫面會列出你的購買記錄清單,接著按 **回報問題** 鈕進入回報問題模式,最上方是最新購買項目清單,下方會依日期顯示當日的購買記錄。在此要示範近期購買仍可退費的項目,在確定要退費的 App 右側選按 **回報問題**。在這小編提醒一下,這個功能並不是只有用來退費,它也是一個可以用來建議 App 修正的管道。

開啟瀏覽器自動進入 **回報問題** 畫面,在 **問題** 清單中選按合適的問題,並在 **請描述問題** 欄位中填寫你的原因,按 **提交** 鈕,再點一次 **iTunes** 裡的 **回報問題** 就會看到該項目後方出現 **"待退款"**,等待約 5~7 個工作天後,就會收到 **iTunes Store** 的電子郵件通知事件的處理結果。

另外提醒使用者,不能太常進行 APP、電影、書籍、音樂...等購買項目的退款,否則有可能被 Apple 列為黑名單使用者,日後要再申請相關退款就會很難通過。

App 使用時間限制

有時候想要控制小朋友玩手機的時間，可以利用 **引導使用模式** 直接設定可使用的時間及功能，還可以設定約定時間到了之後要執行的動作。點一下 ◎ **設定 \ 一般 \ 輔助使用 \ 引導使用模式** 進入設定畫面：

▲ 開啟 **引導使用模式**，再開啟 **輔助使用快速鍵** 功能，接著點一下 **密碼設定**。

▲ 先點一下 **設定引導使用模式密碼**，輸入二次密碼，開啟 **Touch ID** 項目，最後點一下 **引導使用模式** 回到相關畫面。

▲ 點一下 **時間限制** 設定時間結束時的提示方法。

▲ 設定 **提示聲**，或是開啟 **朗讀**，會於時間快要結束時說出剩餘時間。

設定完成後，當要限制 App 使用時間時，可依以下設定來開啟 **引導使用模式** 功能：

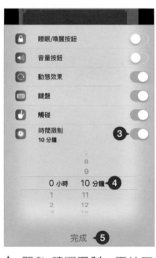

▲ 開啟 App 後，按三下 ◎ **主畫面按鈕** 啟用 **引導使用模式**，點一下 **選項**。

▲ 開啟 **時間限制**，再於下方設定時間 (上方的項目可依需要開啟或關閉)，設定完成後點一下 **完成**。

▲ 點一下 **開始** 即可執行 **引導使用模式**，等剩下 30 秒或 59 秒時會播放提示聲並朗讀剩下秒數。

設定時間到了以後會出現如右圖畫面，此時按三下 ◎ **主畫面按鈕**，輸入密碼或以 Touch ID 就返回設定畫面，點一下右上角 **繼續** 可再次啟用，或點一下左上角 **結束** 關閉該模式。

未來開啟相同的 App 時只要按三下 ◎ **主畫面按鈕** 就會依上一次的設定值直接開啟 **引導使用模式** 功能；如果想修改設定或暫停此模式，再按三下 ◎ **主畫面按鈕** 即會出現設定畫面。

iPhone / Apple ID 已鎖定或遭到停用

在 iPhone / iPad 上輸入 Apple ID 密碼錯誤太多次，Apple ID 有可能會鎖定或停用部分功能來保護你的帳號安全，畫面上會顯示 "Apple ID 由於安全性問題已經停用"、"您無法登入是因為您的帳號已基於安全因素而遭到停用" 或 "因為安全性的考量，已鎖定此 Apple ID" 訊息。

如果 Apple ID 遭到停用的話，可以開啟 Apple 官方網站「iforgot」頁面 (網址：「https://iforgot.apple.com/」)，使用現有的密碼來解鎖或重置密碼，若嘗試解鎖帳號失敗多次後，你的 Apple ID 會保持鎖定，隔天才能重新嘗試。如果以上幾個方式都沒有辦法解決，建議你可以撥打 Apple 產品諮詢電話：0800-020-021 或技術支援電話：0800-095-988，也可以直接上網尋找客戶服務協助「https://getsupport.apple.com/」。

Apple ID 忘記帳號或密碼

有時候就是會忘了 Apple ID 的帳號或密碼，可以於 iforgot 網站中找回帳號或重新設定。首先進入「https://iforgot.apple.com/」網頁，如果是忘了密碼，可以直接於首頁中依步驟指示輸入資料並重設密碼；但如果是忘了帳號，於 iforgot 首頁中點一下 **查詢 Apple ID**。，接著依步驟指示輸入資料並重新設定啟用帳號即可。

iPhone 6、7、8 和 X 的強制重新開機

每一代的 iPhone 在按鈕及外觀設計多有些不同，所以強制重新開機的方法也不一樣，以下就是各代強制重新開機的方法說明。

iPhone 6s 與之前的設備，可以同時按 **電源** 鈕與 ◉ **主畫面按鈕** 不放直到電源關閉或蘋果圖案出現重新開機後再放開。iPhone 7 / iPhone 7 Plus，則是同時按 **電源** 鈕與 **音量(-)** 鈕不放直到蘋果圖案出現再放開手指，即可重新開機。iPhone 8 / iPhone 8 Plus 或 iPhone X，有三個步驟：要先按一下 **音量 (+)** 鈕，再按一下 **音量 (-)** 鈕，最後長按 **電源** 鈕約 10 秒直到蘋果圖案出現，就是重新開機了，三個步驟都要在音量圖案消失前按完，如果當機時畫面不會出現音量圖案，只要直接按完此三個步驟即可。

▲ iPhone 6/6s & 6/6s Plus

▲ iPhone 7 & 7 Plus

▲ iPhone 8、8 Plus & iPhone X

iPhone X 擷圖、關機、回主畫面 .. 等專屬操作

由於 iPhone X 在設計上取消了 ◎ **主畫面按鈕**，所以有些功能在操作上會不太相同，以下列出經常使用的操作方式，多數是以手機右側的 **電源** 鈕替代：

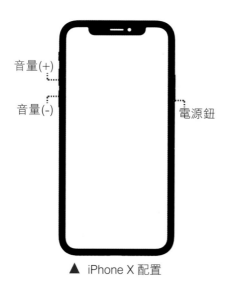

音量(+)

音量(-)

電源鈕

▲ iPhone X 配置

Home Indicator

	iPhone X	iPhone 8 及之前機型
擷取畫面圖	開啟要擷圖的畫面，先按住 **電源** 鈕，同時按一下 **音量(+)** 鈕或 **音量 (-)** 鈕。	開啟要擷圖的畫面，先按住 **電源** 鈕，同時按一下 ◎ **主畫面按鈕**。
關機	於 ◎ **設定 \ 一般** 選項清單最下方點一下 **關機**，再往右滑動畫面上的滑桿即可關機。(如果要強制重新開機可參考 P9-14)	長按 **電源** 鈕，再往右滑動畫面上的滑桿關機。
回主畫面	在操作 App 時畫面最底端有一條線 (Home Indicator)，依畫面顏色不同會顯示為白色或黑色，往上滑即可回到主畫面，如果太久沒觸碰就會自動隱藏。	按一下 ◎ **主畫面按鈕**。
呼叫 Siri	長按 **電源** 鈕。	長按 ◎ **主畫面按鈕**。
多工處理 關閉背景 App	於畫面最底端 (Home Indicator) 往上滑，在畫面中間停留一下，就可看見多工處理畫面。	連按二下 ◎ **主畫面按鈕**。
呼叫 Apple Pay	連按二下 **電源** 鈕。	在未解鎖狀態下，連按二下 ◎ **主畫面按鈕**。
控制中心	於畫面右上往下滑。	於畫面最底端往上滑。
通知中心	於畫面左上往下滑。	解鎖畫面中，於畫面最頂端往下滑；鎖定畫面中，於畫面中間由下往上滑。

iOS 11+iPhone 8/8Plus/X/iPad 完全活用術--225 個超進化技巧攻略

作　　　者：i 點子工作室
企劃編輯：林慧玲
文字編輯：江雅鈴
設計裝幀：張寶莉
發　行　人：廖文良

發　行　所：碁峰資訊股份有限公司
地　　　址：台北市南港區三重路 66 號 7 樓之 6
電　　　話：(02)2788-2408
傳　　　真：(02)8192-4433
網　　　站：www.gotop.com.tw
書　　　號：ACV038300
版　　　次：2017 年 10 月初版
建議售價：NT$199

國家圖書館出版品預行編目資料

iOS 11+iPhone 8/8Plus/X/iPad 完全活用術：225 個超進化技巧攻
　略 / i 點子工作室著. -- 初版. -- 臺北市：碁峰資訊, 2014.11
　　面；　公分
　　ISBN 978-986-347-411-1 (平裝)
　1.行動電話　2.行動資訊　3.電腦軟體
448.845029　　　　　　　　　　　　　　　　　103021592

讀者服務

- 感謝您購買碁峰圖書，如果您對本書的內容或表達上有不清楚的地方或其他建議，請至碁峰網站：「聯絡我們」\「圖書問題」留下您所購買之書籍及問題。(請註明購買書籍之書號及書名，以及問題頁數，以便能儘快為您處理)
http://www.gotop.com.tw

- 售後服務僅限書籍本身內容，若是軟、硬體問題，請您直接與軟體廠商聯絡。

- 若於購買書籍後發現有破損、缺頁、裝訂錯誤之問題，請直接將書寄回更換，並註明您的姓名、連絡電話及地址，將有專人與您連絡補寄商品。

- 歡迎至碁峰購物網
http://shopping.gotop.com.tw
選購所需產品。